提升亲密关系的
整理魔法

黄 婷 著

中国铁道出版社有限公司
CHINA RAILWAY PUBLISHING HOUSE CO., LTD.

图书在版编目（CIP）数据

提升亲密关系的整理魔法/黄婷著. —北京：中国
铁道出版社有限公司，2022.9
ISBN 978-7-113-29089-4

Ⅰ.①提⋯　Ⅱ.①黄⋯　Ⅲ.①家庭生活－基本知识
Ⅳ.①TS976.3

中国版本图书馆CIP数据核字（2022）第068607号

书　　名：提升亲密关系的整理魔法
　　　　　TISHENG QINMIGUANXI DE ZHENGLI MOFA
作　　者：黄　婷

策　　划：叶凯娜　孟智纯
责任编辑：王晓罡　叶凯娜　　　　　电话：（010）63549485
封面设计：闰江文化
责任校对：苗　丹
责任印制：赵星辰

出版发行：中国铁道出版社有限公司（100054，北京市西城区右安门西街8号）
网　　址：http://www.tdpress.com
印　　刷：北京盛通印刷股份有限公司
版　　次：2022年9月第1版　2022年9月第1次印刷
开　　本：880 mm×1 230 mm　1/32　印张：7　字数：156千
书　　号：ISBN 978-7-113-29089-4
定　　价：69.00元

前言

整理是接地气的心理行为疗法

我从 2016 年接触整理、学习整理，2018 年成为全职整理师，到如今，一共做过 300 多家上门服务、800 多人的整理咨询，回答过很多跟整理有关的话题，多年的积累，才有了这本书。

我不想写一本工具书，告诉大家买什么样的收纳用品、如何折叠衣服能够让家里看起来井井有条，这根本不可能实现。

殷智贤在《整理家，整理亲密关系》里说："所有跟物有关的问题，其实都是人的问题。"这句话我深以为然。

很多单身男女以为只是因为自己爱买东西、租的房子不够大、工作太忙没时间整理，所以家里才杂乱无章。但根本原因是你还年轻，被市场带领了审美和消费欲。

当然，这些问题并不仅仅出现在单身青年男女身上。

对于新婚夫妇，两个人正在磨合，生活习惯和金钱观很大程度上影响着婚后生活，即使是挤完牙膏后没有把牙膏放回原位这种小事，也能引起一场"世界大战"。事情也许很小，但是争吵背后隐藏的问题却很大。

一滴水里可以看见整个海洋，一件小事可以映射两个家庭的矛盾。

中国的经济发展很快，人们在脱离物质贫困后，有太多时间思考人文问题，但是常规教育并没有教过我们如何表达爱意和厘清生活，于是心灵鸡汤、成功励志类书籍有了市场。我们一边在职场上拼杀，一边抓紧一切碎片时间恶补，亲子教育、亲密关系，甚至连精力管理、时间管理都蔚然成风，因为我们要学习的东西实在太多了……

这种生活环境下，家里充斥着各种受广告诱惑购买的不适合自己的物品、商家用各种借口赠送的打折产品、为了发泄情绪而冲动购买的物品，这些物品无一不在散发着一个信息：你是个失败者。即使是事业很成功、赚了很多钱、住着豪华大房子，但晚上睡觉时也不踏实，因为你无时无刻不被身边的物品提醒着：你是个失败者。

而这一切的根本原因是：我们缺少爱和智慧。

"幸运的人一生都在被童年治愈，不幸的人一生都在治愈童年"，这句话直截了当地表明了一个人原生家庭的重要性。从小被爱包裹长大的人会更自信，他不需要名牌服装和成功体面的工作来证明自己的价值。而智慧则让我们认识自己、了解自己，明了想过的生活，成为想成为的人，不会随意被媒体带偏消费，不会被可以贩卖的焦虑搅得心神不宁，不会做任何事都想速成、走捷径。

从业 5 年来，我见证过整理疗愈囤积症、抑郁症、拖延症、冷暴力被害者、夫妻关系岌岌可危者……

所以我才说：整理是最接地气的心理行为疗法。

我们会缺少爱，不是因为没有爱，而是因为很多家庭普遍缺少两种能力：表达爱的能力和感受爱的能力。

受儒家文化影响，中国人性格都比较内敛，我们崇尚低调、理智，即使是非常外向活泼的人，也不习惯将"我爱你"挂在嘴边。

父母表达爱的方式大多表现在提供更好的物质条件，但对于孩子的精神需求及陪伴，却贫瘠得可怜。

另外，许多父母表达的爱都是伴随着要求，像"考试考高分就给你买喜欢的玩具""把房间收拾干净就带你出去吃好吃的"。这样的脑回路被孩子带到成年之后，他们就不敢直接去做喜欢的事情了。这也是很多人一边向往诗和远方，一边吐槽生活一地鸡毛的原因——因为"必须做完不喜欢的事情之后才能去做喜欢的事情"。

所有的大人都曾经是孩子，在成为父母之后，我们似乎忘记了儿时最渴望父母做的事情——无条件地爱自己，却转而对孩子进行控制：必须考多少分、拿多少奖状、会弹多少首曲子……

我们都觉得父母是爱我们的，但好像又没那么爱我们，所以我们在爱与不爱之间纠结。

很多家庭表达爱的能力十分欠缺，就导致孩子感受爱的能力更加微弱。

仔细想想，"80 后""90 后"最能感受到父母关爱的时候，一定是生病的时候，这个时候父母对我们所有的要求都会消失，转而变得无微不至，只希望我们能快点儿好起来。这也是为什么有些人总是生病，因为生病了就可以不用承担很多的责任和压力，这也是孩子获取大人关注和爱最简单粗暴的方式。

绝大部分人都是怀念着过去、担忧着未来前行，以此来逃避现在。

如果问一个人什么阶段是最幸福的，他可能会这样回答：小时候、高考阶段、大学时候、结婚前、生孩子前……

如果再问他什么时候会更幸福，他可能会这样回答：升职加薪之后、买了房之后、还完房贷之后、结了婚之后、孩子入学之后、孩子结婚之后……

我曾做过一个问卷调查，92% 的人表示在当下很难感受到幸福。

因为我们缺乏感受爱的能力。

以上两点，是我在成为职业整理师之后观察到的现象。而物品是这种现象的最强烈诉说者，它们在房子里霸道横行，挤占主人的生存空间，企图让主人看到他有多不爱自己。物品希望主人能像爱自己一样爱它们，把房子变成真正的家。

是什么让房子成为家呢？

一定不是物品。许多人企图用物品把房子填满，精装修、华丽家具、高科技电子产品……

是住在房子里的人。确切地讲，是有生活能力的人。

多年的职业经历让我练就了一项本领：客户只要将衣橱的照片发给我，我就能猜到主人的家庭关系和性格，基本上八九不离十。

购买物品的质量、颜色、款式，物品摆放的方式，对待物品的态度……一个人所有的想法及性格无一不会在物品上投射出来。

➢ 总是喜欢迟到的人，可能是因为儿时总被父母在后面催，催着起床、催着上学、催着做作业，所以他可能会买很多闹钟、记事本，但计划永远完不成；

➢ 习惯把房间弄得很乱的人，可能是因为儿时经常被父母批评不会整理，或者父母强迫自己整理房间，否则就扔掉自己喜欢的玩具、书籍，以此作为不整理的惩罚，所以明明很想把家里收拾整齐却总是失败；

➢ 购物狂背后可能是儿时物质无法得到满足的遗憾，所以成年后有了经济能力，疯狂购买曾经很想要可是现在不需要的物品，所以不管是布偶还是衣服，明明不会用但就是扔不掉……

这确实是一本整理书，我会通过不同物品背后隐藏的心理问题，带着大家一起整理物品、整理过去、整理内心。

本书是按照家庭不同空间划分章节。第 1 章到第 4 章，分别讲述了提升夫妻关系的衣橱整理，促进亲子关系的儿童房整理，提升健康的厨卫整理，缓解焦虑的书房整理。每一章都是按照"整理的具体方法、物品反映的关系、收纳用品推荐"的逻辑进行，希望读者能够根据本书完成家庭物品整理，同时看见、梳理和解决自己的各类情绪问题和家庭矛盾。第 5 章讲的是自我整理的相关内容，旨在帮读者解决不自信、时间不够、梦想焦虑等问题，以及打造满血复活的空间，让读者把目光挪回到自己身上，成为自己人生的主导者。

本书的推荐阅读方法是：先全书浏览一遍，然后找到自己最想整理、问题最大的区域，选择对应的篇章，仔细阅读，并根据书中的流程开始整理物品。

欢迎读者们把自己的整理过程投稿给我，让更多人看见整理的魔力，开启新人生。

我是职业整理师黄婷，你的家庭整理私人教练，希望被时代推着向前奔跑的你，能够停下来做整理，思考"对自己而言，真正喜欢的是什么，真正重要的是什么"，按自己的真正意愿过一生。

那么，从现在开始，我们一起开启一段整理之旅吧。

目录

第 **1** 章

衣柜整理，提升你的亲密关系

整理收纳是一门选择的艺术。

衣柜空间有限，

只保留自己喜欢的、适合的物品；

时间有限，

只去做自己喜欢的、重要的事情。

在一个家庭空间中，最容易让夫妻关系升温的行为就是整理衣橱。因为衣服属于离身体最近的物品，这种带有个人气息和品位的物品，能反映出主人的性格和状态。所以，衣橱整理也是大多数人认识自己的最好方式。

即使是居住在非常混乱的环境下，觉得自己一点儿都不会整理的人，根据下面的"黄金整理5步法"，也能把衣柜整理好，让亲密关系显著提升。

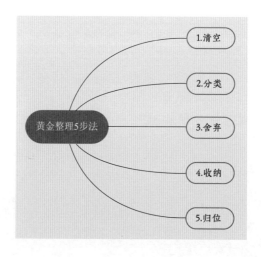

这 5 个步骤适合一切物品的整理，我们在接下来各个区域的整理中会经常看到它们的身影。

那下面我们就开始进行衣橱整理吧。

▼　1.1　清空衣柜，看见 TA 爱你的痕迹

衣橱整理第一步：清空——把衣柜里的衣服全部拿出来，并且尽量把散落在家中其他区域的衣服集中到一块儿。

可能令自己吃惊的衣服数量

清空完成后，你也许会惊叹："天呐，我怎么会有这么多衣服？"这句话是我去做上门整理时，几乎每一位客户都会说的话。而且很多学员在自己动手整理衣服的时候，也会忍不住这样惊叹。

这也是"清空"的作用——将所有衣服聚在一起，你能直观地看到自己的衣服数量，从而快速改变"没有衣服穿"以及"我拥有的物品不够多"的想法。当你意识到自己拥有足够数量的衣服时，匮乏感会消失，第三步的舍弃会容易很多。

如果你和伴侣的衣服是混在一起的，在清空的过程中，可以将你和伴侣的衣服先分成两堆。清空完成后，你也许还会惊叹："我的衣服怎么比 TA 多这么多!"

将自己和家人的衣服分别堆放

很多中国人不习惯直接表达爱，通常会默默地用物品表达情感，比如沉默寡言的老公会直接上交工资卡，无法陪伴父母身边的儿女会逢年过节买礼物、塞红包，小朋友会给父母写感谢贺卡，等等。而你的衣服，也许就是伴侣表达爱的方式，尽管 TA 没有深情地说过"我爱你"，但 TA 一直在通过物品表达爱你。

给大家看一个"衣柜清空后看见爱"的小案例：

案例

　　起初整理时，客户 A 跟我说她和老公是在父母的安排下结婚的，言语中表示出跟老公没有太多感情。但衣服清空后，将两人的服装分开，A 忍不住湿了眼眶，因为他们的衣服数量差距巨大。A 有一座高高的"衣山"，衣服大部分都设计感十足；而老公的衣服就一小堆，都很旧，好些衣服上都破了洞。因为 A 家里有一间开了多年的饭店，平时老公和婆婆负责打理饭店的事情。那一刻，她才发现老公为了这个家默默付出了许多。

　　清空还有一个好处：你会找到很多"失散"的物品，比如压在衣服底下的护肤品、斜跨小包、胸针、钥匙、筋膜枪等。我发现很多人会因为找不到要使用的东西，从而重复购买相同物品，甚至会出现三到四次重复购买的行为。如此说来，只是"清空"这一个动作，就能够帮大家省下来不少钱，整理真的是一件性价比很高的事情呀！

　　衣柜清空之后，可以用干净的抹布清洁衣柜内部，并且对衣柜说"谢谢"：谢谢它一直默默地爱着你、支持你，就像伴侣一样。

　　如果你看到抹布上黑色的脏东西，不用惊讶。绝大部分人只会在第一次使用衣柜时清洁衣柜内部，而我们每天拿取衣物的过程中，衣服本身的绒毛颗粒和空气中的灰尘会掉落在衣柜层板上。因为灰尘和颗粒太小，我们会直接忽略它们的存在，所以日积月累，它们就在房间里占山为王。建议经常打扫家里的卫生，特别是床头柜、床底、衣柜层板等位置。

　　客户 B 夫妻两个人都是医生，两人平时工作很忙，回到家就感觉精疲力尽，没有力气打扫卫生。他们都知道灰尘对孩子和老人的健康不利，于是家中买了各种品牌的吸尘器。我去上门整理时，发现主卧的床头柜后面，"藏着"一个布满灰尘的吸尘器，B 称："我特意买了一个小型的手持吸尘器放在床头，就是提醒自己要经常打扫卧室卫生，但是每天回来实在太累了，时间久了就忘了。"

　　关键是 3 岁的儿子喜欢跟父母一起睡，孩子睡前喜欢在房间里乱蹦乱跳，地板上的灰尘就会被吸进鼻子里，所以孩子呼吸总不顺畅。B 说："我知道这样不好，但是实在没力气管了，有些时候我在想，是不是我想通过自己或者孩子生病，强迫自己休息一段时间。"

　　其实客户 B 是有这种想法的，但因为这种想法太可怕，她选择忽视，直到这次全屋整理，才决定直面这个想法。

　　我们不必等到身体出现问题才开始重视居家环境的健康，当下就是最好的时机。

　　清洁完衣柜之后，可以站在衣柜前注视衣柜，回想你第一次见到这个衣柜时的情景，你当时想象的美好生活是怎样的，越细致越好。然后将时间快进，回忆你是如何将这个衣柜慢慢填满，这个过程是有觉知的还是完全无察觉的？是哪些因素影响了你的购物行为？你是否经常通过购物缓解压力？现在的生活与理想生活的差距有哪些？你能否确定自己想象的生活就是自己真实想要的？如果没办法过上理想的生活你会怎样？目前你有哪些方法能够向理想生活靠近？

其实这些问题更适合在整理开始之前思考，当你越细致的描绘出理想生活，细致到穿什么面料和颜色的衣服、带着怎样的情绪做什么事情，你就会发现自己离理想生活越近。也会有人在这个过程中发现，原来自己以前追求的"理想生活"都是假象，因为没办法清晰地描述细致的画面，或者脑海中出现的画面与曾经追求的生活并不相符。

更多关于理想生活和人生蓝图的内容，可以翻阅本书第 5 章。

请一定要做上面的事情，因为物品能够感受到你的态度转变，从而变得更乐意守护你。

▼ 1.2　衣服分类，更深入地了解 TA

1.2.1　衣服分类的具体方式

一般来说，衣服通常按照季节和功能分类：

①先按季节分类，春天的衣服、秋天的衣服、夏天的衣服、冬天的衣服；

②再按功能分类，大类分好之后，可以把每一个季节的衣服分成：

➢ 上衣（T 恤、长袖、卫衣、毛衣、外套）

➢ 下衣（短裤、长裤、半身裙）

➢ 连衣裙（短裙、长裙、套裙）

➢ 贴身衣物（内衣、内裤、背心、袜子、塑身衣、棉毛衫、家居服、睡衣）

➢ 饰品（帽子、围巾、手套……）

➢ 其他（泳衣、礼服、演出服、练功服、校服……）

如果你有喜欢的分类方式，可以按照自己的喜好进行分类。物品分类并没有固定要求。

1.2.2　通过分类了解衣着偏好和性格特点

分类完成后，"大衣山"变成一座座"小衣山"。

最高最大的"小衣山"，就是你或者伴侣购买最多的衣服类型。

当按照季节分类时，因为冬天衣服比较厚重，理所当然冬天的衣服看起来最多。但大家可以根据大致的数量推算哪个季节的衣服最多，根据衣服数量明确自己对季节的喜好。如果你对某个季节有莫名的喜欢或者厌恶，衣服的数量会反映出来，这样我们可以梳理物品购买背后的心理原因，也就不会莫名其妙地囤积物品了。

案例

客户 C 一个人居住在 120 平方米的大平层里，所以把一个 30 平方米的房间改成了衣帽间。分类整理完，我发现她冬天的衣服特别多，其中毛衣的数量惊人。C 说她特别爱买毛衣，尤其是那种看着很柔软很舒服的毛衣，但其实也没有太多机会穿，因为平时居家或办公都有暖气。在后来不断地分析下，她才意识到，原来是因为她小时候妈妈去世了，去世那天下着大雪，妈妈穿着一件材质很硬的毛衣抱着她，手很冷。她当时很希望自己快点长大，能够给妈妈买暖和的毛衣穿，这样妈妈就不会离开她了。

想起这件事情，C 泣不成声，哭完之后决定把大部分毛衣捐给有需要的人。她说："希望这些毛衣能够帮助到像我小时候那样的人"。

季节分类完毕后，再把每个季节的衣服按照功能分类。我遇见过有近 100 条牛仔裤的女客户，也遇到过 150 多件白 T 恤的男客户，还有拥有 200 多条连身长裙的女客户以及 90% 衣服都是西服套装的男客户。这些客户只是盲目地购买相同款式的服装，却从未思考购物行为背后的原因。

其实，通过分类后的服装类型，我们可以明晰自己的衣着偏好和性格特点。

衣服类型	衣服主人性格特点	可能会拥有的缺点
衣服颜色鲜亮、设计感强	有品位、有魅力，在人群中显眼	太有想法，让人觉得沟通困难
衣服颜色温和、偏日系风格	温柔体贴	优柔寡断
衣服黑色系为主	理性、冷静	想减少在人群中的存在感，不太有自信或者独断专行
都是职业套装	工作为重	工作和生活可能失衡
都是休闲装	性格洒脱，容易相处	缺乏目标感

我们这个时候可以停下来，从另外一个角度思考一下：衣服显示出来的你，与你自己认为的你，是否有区别。因为很多学员反映，分类完之后，才知道自己的日常穿衣风格与她想象中的穿衣风格差别如此之大。

案例

学员 D 反映，她一直以为自己是温柔日系风，给人的感觉是温和易相处的。结果分类完，D 发现自己的衣服大部分都属于"设计感强的职业休闲装"，所以她其实是属于较为强势的类型。

D 问了身边的同事和朋友，得到的反馈是：平时很温柔，但是一涉及工作问题，就会瞬间变得强势，感觉难以沟通。这时她才开始重新思考自己的职业定位。

1.2.3 通过分类反观人际关系和未来趋势

分类的过程中，我们会将所有的衣服都经手一遍，所以可以根据衣服反观自己的未来趋势和人际关系。

1. 未来趋势

如果你近期穿着职业装居多，说明工作占比比较大，这时你可能需要留意，自己是否存在工作和生活失衡的问题，你是否很久没有放松自己，精神压力是不是很大，家人对此是否有怨言……这时，可以根据未来规划调整时间分配，例如是否需要增加或减少工作时间陪伴家人，或者抽出时间提升自己。

如果你近期的穿衣风格与之前相比发生明显改变，说明工作或生活有了较大变动，例如升职加薪了，或者结婚、生了、离异等，这些都会对未来产生影响。这时你可能需要调整自己的作息和生活习惯。

如果你是个职场白领，可是休闲家居服却占据了一大半的量，说明你内心深处可能很渴望远离职场。这时候你可以停下来认真思考：自己目前的这份工作是不是压力太大了，又或者是不是该换一份自己喜欢的、较为柔和轻松、进攻性不强的职业呢？

如果你是全职宝妈，但衣橱里知性干练的正装很多，你也可以好好想想，自己是不是更想回归职场，有一番自己的工作和事业，实现自我价值呢？

案例

客户 E 已经做了接近 15 年的全职宝妈，二宝进入寄宿高中后，她开始疯狂购物。我去做上门整理的过程中，E 非常焦虑，让我帮她把所有的东西都扔掉，她说很讨厌把家弄乱的自己。深入交流之后，E 透露她非常美慕有明确目标的家人和朋友，而她好像每天都在浪费时间。在整理衣橱时，我发现 E 还留着十几年前的职业装，这些年她也会陆续购买简单、干练的西服套装，"虽然平时没有机会穿，但只要看着它们就会觉得很开心。"E 这样回答道。

我问 E 是否很想回到职场，她说是的，但她愿意为了老公和孩子退居二线。E 满眼发光地看着堆到半人高的职业装，一直在犹豫。我建议她晚上跟老公和孩子商量一下重回职场的想法。

第二天到 E 家时，E 已经按照我教给她的方法把所有的职业装都整理完毕了，并且全部挂在衣柜的黄金区域。她很开心地告诉我，当她决定重回职场时，家人其实都很支持她。

整理完后一周内，她就收到了两个朋友发来的创业项目邀请，这一次，她非常果断地选择了一直以来很感兴趣的教育项目。

2. 人际关系

衣柜里如果有很多朋友送的衣服，或者跟朋友一起逛街买的衣服，但这些衣服并不适合你，说明你可能是一个不懂得拒绝的人；又或者是因为你的穿衣风格并不明晰，所以朋友不知道送哪种类型的衣服给你；又或者是因为你给人的感觉很随意，所以朋友们才随意对待你。

如果有这种情况，可以去做一次色彩测试，让专业的服装搭配师帮忙搭配适合你的服装，减少踩坑次数。但最重要的是：你要先找回自信。

找回自信的方法，可以查看本书 5.1 节相关内容。

1.2.4　衣物数量反映的夫妻关系

为什么说衣橱整理是最容易反映夫妻关系状况的呢？

类似于动物会通过尿液标记领地，人类会通过物品的摆放和空间的占有，来标记自己的家庭地位。所以，我们可以通过衣服数量和衣橱空间占比，将夫妻关系分成三种类型：一强一弱型、渐行渐远型、相爱相杀型。

1. 一强一弱型

一强一弱型是指夫妻关系中有一方强势，另一方弱势，导致家庭权利失衡。

夫妻关系当中，如果过于强势的那一方是女性的话，男性往往会选择逃避矛盾、逃离家庭，具体表现为不愿意回家，或者是回家就倒在沙发上看电视、打游戏等，沉浸在自己的世界里。这种时候，妻子会觉得老公不带孩子、不做家务，根本不爱自己，容易黯然神伤。但事实是，他在通过这种方式来表达自己的不满。

如果强势的那一方是男性，很可能产生家暴行为，并且这种情况下，男性可能会伴随出轨行为。而女性的第六感通常敏感又准确，所以女主人很有可能已经察觉到老公的不良行为，但是选择隐忍或者逃避。

客户 F 家的衣柜

案例

客户 F 家主卧有两个衣柜（如前图所示），其中大衣柜长度在 2.3 米左右，这个衣柜中间 3 个层板内部，装的是男主人过季的衣服，其余全部是女主人的衣服。小衣柜长度在 1.2 米左右，其中右半边放置的都是女主人的包包，左半边放的是男主人当季穿的衣服。

所以男女主人的衣量比在 1∶8 左右，而这两个衣柜放不下女主人的所有衣服，所以她把其他的衣服放在了孩子的衣柜里，也有一些塞在了家中各个角落里。

透过衣柜可以看到，女主人衣量远超男主人，并且几乎挤占家中所有人的空间，可以看出家里的大小事情基本上都是女主人做主。

这种利用物品入侵家里其他领域的行为，其实就是标志自己地位的行为——如果我能够入侵你的衣柜和房间，我也能够入侵你的思想和人生。

所以我们可以看到很多家庭中，会有一方的物品摊得家里到处都是。如果是掌权者的物品，则需要掌权者考虑家人的感受；如果是被控制者在家里四处散落东西，则说明 TA 在无意识中向你表达不满。

家庭关系严重倾斜的情况下，孩子容易变成炮灰。母亲为了能够掌控更多，会直接全权操控孩子的生活，上什么补习班、交什么朋友、穿什么衣服，她都会管。因为孩子比成年人更容易操控，如果不能把老公塑造成自己的理想型，那就在孩子身上实现这个愿望。

这种环境下长大的孩子很容易有性格缺陷，因为他从来没有为自已选择过，长大后要么成为新的掌控者，要么成为习惯性被掌控者。

成为掌控者的孩子，会在青春期跟父母爆发激烈的矛盾，毕竟一山不容二虎，一个屋檐下无法出现两个掌控者，所以大部分此类家庭会出现孩子成年后"远离家庭"的情况。

成为习惯性被掌控者的孩子，跟朋友相处时，会顺着朋友的想法。工作、结婚等重大选择上，他会当甩手掌柜，因为背后会有强势的父母为他做决定。当他失败了时候，他只会一边责怪父母，一边抱怨世界。

由此可见，如果一开始我们就可以通过家中物品察觉到夫妻关系、亲子关系问题，许多可能的伤害和错误就会避免。

2. 渐行渐远型

渐行渐远型是指夫妻关系已经冰冷到极点，成为最熟悉的陌生人，但是会因为惯性、对子女未来的考虑等暂未离婚的情况。主人会通过工作、各种聚会等方式逃避回家，或者直接漠视居住空间。

客户 G 家的衣柜和碎掉的穿衣镜

案例

　　客户 G 主卧的一面墙定制了衣柜，衣柜分成了 5 个部分，左边靠窗的两扇柜门是女主人的衣服，右边靠窗的两扇柜门是男主人的衣服，衣柜里悬挂的几乎都是冬、春季的衣服。我们去整理的时候是 6 月初，穿着短袖。门后的穿衣镜已经碎了，碎了有一年多的时间。

　　这个衣柜还停留在上一年冬天，也许是前一年的冬天，夫妻两个人任由家里的时间停滞。衣柜已经反映出他们的感情，从上一年或者前一年的冬天开始，就已经不打算再打理这个家了。

　　做整理的时候，女主人一边给二宝喂奶，一边筛选和舍弃衣服，直到我们去整理女儿房间的时候，才看到男主人躺在女儿房间的床上。原来男主人睡在女儿的房间，女主人带着两个孩子经常睡在自己妈妈家里。

　　整理做完之后，女主人也给我们透露，自己怀孕的时候得了严重的抑郁症，每天一个人哭，妈妈和老公都不知道。刚生下二宝的时候特别讨厌二宝，抱都不想抱。仔细回想，两个人的冲突是从是否要生下意外怀孕的二宝开始出现的，但是很多矛盾应该是一直积攒着，直到矛盾爆发、穿衣镜破碎开始，两个人都心灰意冷。

　　从上面的案例，我们可以看到，渐行渐远型夫妻最明显的特征就是家里的时间是停滞的，从感情到生活都停滞在矛盾爆发的那一刻，如果不做出改变和调整，最后终将成为最熟悉的陌生人。这种状态的持续不仅会侵蚀夫妻的生活和工作，还会让孩子在"冷暴力"的状态下成长，成为夫妻关系不和的最大受害者。

3. 相爱相杀型

相爱相杀型的夫妻比较像电视剧里的活宝情侣，一边吵吵闹闹，一边相亲相爱。一旦家里出现了危机，夫妻两个会瞬间合体，所以千万不要惹这样的夫妻哦！

但这种夫妻的问题在于：会因为界限感不强，而将彼此的生活混在一起，导致随意插手对方的事情和决定，从而产生矛盾。

客户 H 衣柜整理前后对比图

案例

客户 H 为了能装下更多衣服，自己在衣柜里添加了层板，他跟我说每次找衣服都跟打仗一样，要从一堆衣服里扒拉出想穿的那一件，好不容易找到想穿的衣服，结果都因为挤压变得皱巴巴的。关键是自己的衣服和妻子的衣服全部混在了一起，两个人找衣服都不方便。

整理的时候，女主人出差不在家，H 全程参与。在进行自己衣物取舍的时候，H 刚开始有些小纠结，后来越来越果断。

当整理妻子衣服的时候，他会打电话跟妻子视频，协助她完成取舍步骤，而不是自己越俎代庖帮妻子做断舍离。整理结束后，女主人的衣服占 3/4 的衣柜，男主人占 1/4 的衣柜，衣服比例为 3∶1。H 的衣柜里悬挂的大都是运动装，他激动地说："终于在家里有自己的位置了，以后可以经常出去运动了。"

像上面案例中男女主人双方衣服混在一起的这种衣柜，反映出他们共同生活中也是相互纠缠的。这类夫妻大多是和父母住在一起，或者父母住在家附近，可以经常帮忙操持家务，又或是家庭经济条件不错，有比较多的休闲时间，花在个人兴趣上的时间也会比较多，夫妻之间会有矛盾，但大部分都是不以分手为目的的吵架。

将夫妻两人的衣服分开，有助于两人寻找彼此的边界感，留给对方相应的自由空间，从而提升亲密关系。将经常穿的衣服全部悬挂，能够一目了然地知道自己的衣服类型、颜色，也能够快速找到需要搭配的服装，有效减少寻找衣服和打理衣服的时间，非常适合上班族和年轻人。就如案例中的 H 一样，因为寻找运动装不方便，所以连喜爱的运动项目都很少参加了，而整理完的衣柜能够帮他省下不少做家务的时间，从而增加运动时间，会间接地提升他的幸福度，最终将好心情反馈给妻子，全家人的幸福感都会提高，达到良性循环的效果。

建议你和伴侣一起阅读这本书，两人一起整理，相互帮助，这样可以更深入地认识自己、了解对方。相信大家整理完衣柜之后，夫妻关系会更加甜蜜。

▼　1.3　衣物舍弃，给爱留出空间

上一节我们讲了衣服分类的方法和作用，其实衣服分类还有一个作用，就是帮助我们做取舍，因为分类完毕后，我们对每一类衣服的数量都有了直观的认识和了解。

比如说你有十几件 T 恤，其中有两三件质地非常好、穿着很舒服、很适合自己的体型，那么你会更容易将有污渍、不适合体型、有年代感的 T 恤舍弃掉。

可能你会好奇，为什么要做衣服的取舍呢？我就想把所有衣服都留着。

回答这个问题之前，我们需要先了解衣柜的结构。

普通衣柜的结构

如上图所示，合理的衣柜，应该包含如下这些区域：

区域	高度尺寸区间	举例说明
短衣区	90~110 厘米	长度 1 米的衣杆，可以悬挂 50~70 件 T 恤
中 / 长衣区	120~150 厘米	长度 1 米的衣杆，可以悬挂 50~70 件长裙
层板区	15~50 厘米	最适合收纳包包，按照包包大小，高度可划分为 20 厘米、30 厘米、40 厘米
抽屉区	15~30 厘米	最适合收纳内衣裤、袜子、丝巾等小件物品
储物区	30~60 厘米	收纳过季衣物、棉被、床品等
衣柜的深度一般在 55~60 厘米		

根据常规的衣柜收纳量计算，2 米的顶天立地柜，可以悬挂大概 150 件 T 恤、50 件长裙，收纳内衣、包包若干。

由此我们可以看到，衣柜的收纳空间有限，如果我们不做取舍，相当于用"不需要的衣服"占据了"喜欢的、常穿的衣服"的位置。想要将喜欢的、常穿的衣服完美收纳，我们就必须先将不需要的衣服舍弃掉，空出宝贵的收纳空间。

那衣服该怎样做取舍呢？

大部分人在面对堆积如山的衣服时，会无从下手，我这里提供 5 种非常实用的办法，帮大家更好地进行取舍。

1.3.1　15 件心动衣服选择法

在所有衣服中，选择 15 件你最喜欢的衣服，将这些衣服挂起来，直观地感受它们传递的信息：

　　✧　是否色系很相似，比如都是黑色系、白色系、蓝色系等；

◇　是否材质很相似，比如都是棉麻的、纯棉的、涤纶的等；

◇　是否款式很相似，比如都是职业正装、休闲服、运动服等。

通过对这 15 件衣服的判断，可以明确自己的喜好和风格。如果把这 15 件衣服打满分 10 分的话，你随手拿起一件衣服，按照色系、材质或者款式打分，低于 6 分的就可以舍弃了。

有的人会在选择时摇摆不定，每一件都想选，最后选得远远超过 15 件。如果你确实因为工作关系需要大量搭配衣服，每天都不能重样，那你可以扩大数字，但不能超过 40 件。普通人 40 件衣服其实可以穿整个季度，甚至是一年。

案例

我在陪客户 J 挑选 15 件心动的衣服时，她把几乎 50% 的衣服都归为心动衣服行列，但这些衣服都非常新，还有些吊牌都没摘掉。当我问 J 这些衣服的穿着频率时，她回答说："几乎没怎么穿过，上班不适合穿这些衣服。"这些衣服其实都属于职业休闲装系列，而她的工作并不要求她必须每天穿正装上班，所以这只是她的借口罢了。

真实原因是：这些衣服代表了她心目中自己的理想状态——优雅、气质、干练，但其实她是一个喜欢拖延、有些懒散的女生，所以她企图通过购买衣服来达到理想状态。

如果你跟案例中的女生一样，心动的衣服数量惊人，可以反思自己是否有跟她一样的问题。如果你的心动衣服数量占所有衣服的 80%

左右，并且穿着频率很高，那恭喜你啦，说明你是一个非常明确自己喜好，并且花钱有道的人。

而对于无法决定出最喜欢的 15 件衣服的人，可能有这两种原因：

第一种原因是你想体验的生活方式太多了，如果平时会经常因为衣服穿搭或买衣服而烦恼，那就以现在为契机，逼自己一把，狠下心做一次断舍离，一定会有意想不到的惊喜等着你。

第二种原因是你根本不知道自己真正喜欢什么，又或者你一直过着父母、伴侣想要你过的生活，所以会根据他们的需求进行生活、工作、穿衣打扮，从而失去了自我。所以你才挑选不出最喜欢的衣服，因为你已经失去自我思考的能力了。

但是不用害怕，整理就是自我疗愈的过程。你可以坐下来，好好回忆过往，或者反思现状。你是否曾经有过热血澎湃的激情时刻，那个时候的你充满活力、积极向上，回忆一下那时候你的穿衣风格；你身边是否有特别崇拜的榜样，你觉得 TA 活出了你想要的样子，观察 TA 的穿衣风格。

案例

客户 K 是一位职场白领，忙于工作的她家里已经乱成一团。她在某个工作日的晚上抽空请我去做整理，在舍弃衣物的过程中，我们遇到了很大的阻碍：我让她挑选自己心动的衣服，她犹豫很久，选了接近 50 件风格都不相同的衣服。

我问她能否再聚焦一些，她无力地摇头。

"老师，我实在不知道怎么挑选，这些衣服我都心动呀！"K 说。

"那你平时穿它们的频率高吗?"我反问她。按照正常情况，普通白领每个季度 10 套衣服足够穿搭。

她摇头说:"没时间穿。"其实她休息的时候喜欢穿睡衣和家居服。

我放下衣服，带着 K 做了 5 分钟冥想，让她丢掉父母的眼光、闺蜜的眼光、异性的眼光，只挑选自己真正喜欢的衣服。最后，K 从另外一堆衣服里挑出了 10 件日式森系风格的衣服。

两个半月后，K 给我发消息说她换了城市和工作，"爸爸妈妈以为有一份稳定的高薪工作就万事大吉，但其实我有自己喜欢的事情，父母只是希望我幸福，我告诉他们我现在很幸福。"她说道。

小提示:风格是不断变化的，不用担心定下风格就永远都不能改变了。你可以每过一段时间，根据生活和工作重新调整风格定位。

1.3.2　未来定位法

如果你觉得从这么多衣服中挑选 15 件衣服太难了，那么可以用未来定位法:思考未来半年或者一年，你想在职业或者生活中做出哪些改变。

如果想升职，可以直接对标理想职位的人的穿衣风格和做事方法，先穿成目标职位的模样。因为衣服是自带能量的，当你穿成"理想职位"的模样时，你会不自觉地改变你的状态和言行举止（比如穿旗袍和穿睡衣的状态），渐渐地你就会站在目标职位的角度思考和工作，升职自然就变得容易，因为除了自己的思维方式和处事能力改变之外，

1. 站在衣柜前思考，未来半年或一年自己在职业或者生活中想达到的理想模样

2. 找到对标的理想职位的人，罗列对方的穿衣风格和做事方法

3. 模仿目标职位的模样，渐渐地就会站在目标职位的角度上思考和工作

4. 升职变得很容易

领导和同事也能感受到你的变化和能力的外放。

如果你想结婚或找到伴侣，就把衣橱的空间空出 1/2 或 1/3，为未来伴侣留出位置，欢迎 TA 进入你的生活。你可能会因为生活空间的缩减体验到不便，但这是二人世界会经历的过程，当你觉得你能接受这种不便时，也许结婚的最好时机就到了。

案例

也许是因为地处上海，我周围有很多单身女性。当我告诉她们想要脱单，就把自己的空间空出一半的位置，衣柜、书架、厨房、卫生间等，都空出一半。

有些朋友会立刻执行，几乎都不出意外的半年内脱单。

但也有些朋友会抱着质疑的态度，因为要让原本就匮乏的空间空出一半，那就需要扔掉很多东西，而断舍离对于内心没有力量的人来说太难了，所以她们会听听就算了。

朋友 S 就是后者。其实 S 属于各类条件都很棒的女性，周围的人际环境也很优质，但她经常会进入短期暧昧的关系，每次遇到满意的男性，暧昧几天就会因为各种原因结束。当 S 找我诉苦的时候，我直言不讳："让你空出一半的空间给未来的伴侣，其实是让你重新审视自己的生活，把不适合你、不匹配你的物品扔掉，这样你用的东西就会越来越优质，对自己也会越来越在意，别人就不会看低你。而且当你开始专注在自己的空间和生活上时，会开始散发自己的独特魅力。一个双眼"饥肠辘辘"的将就女人与一个全心全意生活的讲究女人，你觉得男人会选哪一个呢？"

将居住的空间空出一半，这只是一个行为，背后的科学依据其实是"通过物品梳理内心，重新定位"。而且物品少了一半，凌乱的思绪也会减少一半，能够把更多注意力放在真正重要的事情上，达到生活、工作、情感全方位正面循环。

如果想生宝宝或者跟老人一起居住，方法也是一样。

1.3.3　扔掉收纳用品

我遇到过少数客户，以上两种方法对他们都没用。这个时候我会建议他们扔掉收纳用品，扔掉"想把一切物品安排妥当"的想法。

这类客户会有轻微或严重的强迫症，通常能力很强，而且为人靠谱，但对自己的要求过于严格。无论是物品还是工作，甚至是亲密关系，都希望按照自己的计划进行，这会导致爱 TA 的人觉得束缚而远离。

案例

客户 L 是一位非常细致能干的女孩子，家里打理得井井有条，一眼望过去，跟杂志上的样板间差不多。L 找到我的第一句话就是："老师，我希望你能帮我把家里整理得更清爽一些。"

看了 L 发给我的照片，我奇怪道："已经很干净了，你还要再怎么清爽？"

"我也不知道，就是觉得东西很多。"她说。

去了 L 家，我才发现，原来 L 很喜欢收纳，所以她自己在网上购买了各种收纳用品，也在网上学习了衣物折叠方法，即使是过季衣物，也收纳得整整齐齐。她还额外购买了几个简易衣柜，房间里沿墙的地方都摆放着柜子。

难怪她会觉得家里不够清爽。

整理的过程中，我让她把收纳用品扔掉，因为收纳盒里装的都是她根本不会再穿的衣服。

L 恍然大悟，妈妈一直教她要勤俭持家，所以她从没想过要把旧衣服扔掉。最后我们一共清理了大概 30 袋旧衣服，全部捐出去了。

整理结束后，我告诉她："家里的空间塞得太满了，新的喜欢的物品就没办法进来；感情和时间也是一样，如果想要谈恋爱，就让自己空下来吧……"

还有一部分客户是因为"想充分利用空间"，所以购买各种收纳用品，过度收纳的后果就是大部分收进塑料箱的物品再次使用的概率为零。

案例

客户 M 购买了别墅之后，根据房型自己设计了"理想住宅"方案，并花了大量的时间和精力去装修，几乎把所有的空间都设计了充足的收纳空间。但是装修完居住了一年之后，她发现家里超过 50% 的空间是闲置的，设计的收纳空间也没有使用，整个地下室只是用来堆放各种收纳产品，反而是玄关、客厅、餐厅这种高频使用的区域，因为考虑到美观没有设计收纳空间，额外购买了好看但并不实用的柜子，导致生活中使用不便。

深入询问很多客户的生活和工作，就会发现他们很擅长把自己的时间排得很满，因为"一点时间都不想浪费"。但其实他们一直没有时间去做真正想做的事情，最后才恍然大悟：原来不用管理时间，只需要把时间放在重要、喜欢的事情上，时间就会自行运转。

收纳用品的作用其实是"弥补不合理橱柜的缺陷"，但过犹不及，收纳用品也是"物品囤积的元凶"。

打开你的收纳盒，里面收纳的物品要么是备用品，要么是现在用不上的低频率物品。过多的收纳用品虽然会扩大收纳空间，但同时也会让你存储更多的"无用垃圾"。所以直接扔掉收纳用品，反而更容易做取舍——现阶段用不上的、数量超过未来 3 年使用期限的囤货，都可以舍弃掉。

真诚地希望大家学会舍弃物品，能一直被自己喜欢、需要、适合的物品包围，被这些自己真正选择的物品宠爱着，过让自己舒服的人生。

物品整理和人生整理的道理是一样的，扔掉不喜欢、不需要、不适合的物品，将空间留给自己真正喜欢、需要、适合的物品，这些物品就是你的分身，传递着你的兴趣爱好、品位、性格、愿望，等等。当你有勇气扔掉不喜欢、不需要、不适合的物品时，就会有勇气对自己的人生下手，远离不喜欢、不需要、不适合的人，为真正重要、喜欢、适合的人和事情留出时间，你理想的生活方式会自动出现。

人生有限，把时间花费在自己喜欢的人和事情上吧。

小提示：如果上面的三个办法都用过，你还是很犹豫到底要不要舍弃一件衣服时，可以立刻试穿，感受它穿在身上的感觉，看看镜子里穿着这件衣服的自己，身体会告诉你答案。

1.3.4　不知道"扔"什么，就决定"留"什么

整理的过程中，也会遇到无论如何也不知道扔什么东西的客户，这个时候我会建议他们停下来，问问自己，想要留下哪些物品陪伴自己度过接下来的美好时光呢？很多时候，他们就会像开窍了一般，从一堆物品里选出自己真正喜欢的物品。

"扔"对一些人而言，其实是一件有难度的事情，"虽然现在不会用，但未来会用到怎么办"这种担忧会时刻出现在脑海中，遇到这个时候可以问自己：

◇　留什么比较好呢？是留下自己喜欢的、经常用的物品，还是令自己心动的物品呢？

◇　如何让经常使用的物品变成心动的物品呢？

◇　为什么会留下这些物品呢？为什么会喜欢这件物品？

◇　留下的这些物品带给自己的感受是什么？

◇　能不能把这种感受带到生活的其他方面？

就这样，你会慢慢安静下来，与物品坦诚相待，"沟通"和"商量"未来的生活。

1.3.5　舍弃时不要想如何处理不要的衣服

取舍时，可以用大号塑料袋或者空的收纳箱，将舍弃的衣服统一放置。

拿起一件衣服，按照上面的方法判断，留下的放一边，舍弃的扔进塑料袋，等塑料袋装满了就立刻拿出房间，换一个新的塑料袋。

等所有物品取舍完，或者衣橱整理完之后，再抽一个时间集中处理舍弃的衣物。

可以先把明确不会送人的衣服捐掉，扔进小区的衣物回收箱，或者捐给"飞蚂蚁"等线上平台，很多平台都会有工作人员 2 个小时之内上门取件；

如果觉得很多衣服质量很好，买来时很贵，想有空时放在咸鱼卖掉，可以考虑一下自己的空闲时间和时薪，看这些衣服值不值得花更多的时间在上面；

如果想把衣服送给朋友，请让朋友直接到家里来试穿；

如果想寄给亲人朋友，请先和对方视频通话，让他们决定是否需要。因为你送给朋友的这些衣服可能也会成为他们的负担，毕竟大部分人都面临着衣柜空间不够用的情况。

1.3.6　从舍弃的衣服中反思过去

衣服分类的过程是很好的自我认识的过程，舍弃的衣服也能够帮我们认识自己。这些舍弃的衣服，其实代表着你过去的审美品位、经济能力、工作状态。

如果舍弃的衣服人多是破旧、带有污渍的，可以反思自己是不是特别节省，总是等到最后关头才去处理问题；或者经济情况局促，经常没有办法去做自己想做的事情，这种情况可以先查找自己的金钱漏洞——你的钱花得最多、最不值得的地方是哪里？这背后代表着你怎样的心理问题？

如果舍弃的衣服大多是很早以前的旧衣服，可以反思自己是否很久没有做过生活复盘和职业复盘了。如果对自己现在的能力和社会地位没有清楚的认知，很容易妄自菲薄。

如果舍弃的衣服大多是近阶段购买的衣服，但是会把很久以前的衣服留着，可以反思是不是不喜欢现在的生活或者职业。如果是的话，可以在纸上写下"曾经"和"现在"的生活对比，找出原因。

如果舍弃的衣服大多是伴侣、好友、父母买的或者送的，可以反思自己是不是想要脱离亲密人的控制，或者想要极力向他们证明自己。

案例

生活在苏州的客户 N 在整理的过程中，非常爽快地舍弃了很多衣服。我发现这些衣服几乎都沾染了污渍，于是询问 N 这些污渍是不是洗不干净了，N 回答说是。于是我问她，当时为什么不扔掉。

N 说："总觉得可以在家里穿穿，或者去做一个容易弄脏衣服的事情时穿。"

之后，我详细观察和询问了 N 的做事风格，发现她会故意对一些生活和工作中的问题视而不见，直到问题必须解决时才痛下决心。

于是，我开始陪 N 梳理她的原生家庭。N 在家里排行老二，她觉得姐姐很懒惰，总是不做家务，于是父母就会让她做。所以她经常跟姐姐怄气，最后形成了一种做事风格——姐不动，我不动。等成年结婚后，这种做事风格就延伸到了家庭中——老公不做事的话，她也不会做。所以 N 经常会因为家务活跟老公吵架，最后都是手忙脚乱地去照顾孩子或者做饭，因此衣服很容易沾染上污渍。而因为衣服总容易弄脏，所以她更加舍不得买好衣服穿，时间久了，也不再那么注意自己的形象了。

▼ 1.4 衣服收纳，打造会呼吸的衣橱

1.4.1 衣服收纳的三个雷区

对于衣服收纳，很多人都存在这三个雷区：空间利用率太高、收纳用品太多、收纳方式太复杂。

1. 空间利用率太高

许多热爱收纳的达人会想出很多新奇的点子，将家中的小空间、

死角都利用上，物品塞得满满当当，我并不太赞成这种做法。

空间和人体一样，需要空气流通和新陈代谢。将空间塞得太满，物品会觉得难受，住在里面的人也会觉得压抑，就像鱼很难在充满淤泥的池塘里畅游一样。

现代人普遍会觉得焦虑和压抑，其实跟居住面积小、物品数量多有密切关系。

空间利用率太高 = 时间排得太满

你可以把空间比作自己的时间，空间利用率太高等同于把自己的时间安排得太满。如果房间里塞的都是无用、不常使用的物品，说明你经常把自己的时间浪费在不重要的事情上。

空间有限，只保留对自己来说喜欢的、重要的、适合的物品。

时间有限，只去做对自己来说喜欢的、重要的、有天赋的事情。

很多人在进行收纳时，会将"收纳更多物品"作为目标，但其实我们的目标应该是"收纳喜欢、需要的物品"，大家千万不要本末倒置。

2. 收纳用品太多

在本书中，我一直在强调：收纳用品是囤积的元凶。

因为各种尺寸的收纳用品都可以提高空间利用率，所以大家都放心地将不会再用的物品塞进衣柜、抽屉里。表面上看，空间确实整齐了很多，但如果把所有物品都集中到一起，经常使用的物品可能不到20%。

根据二八定律，我们应尽量做到：

经常使用物品∶备用物品 = 8∶2；

重要事情时间∶不重要事情时间 = 8∶2。

如果能做到物品收纳的二八定律，相信你的生活一定会焕然一新。

3. 收纳方式太复杂

网络上有很多教人叠衣服和收纳物品的视频，花样百出。但可能就是因为方法太多，让许多人认为整理是一件很困难的事情。

不仅仅是收纳方式的选择，生活中的很多事情，如果选择太多，其实就是没有选择。

哥伦比亚大学的研究员曾做过一个实验：他们在一家商店里放置了 6 种果酱，另一家商店里放置了 24 种果酱，分别观察两个商店的购买情况。按照常规想法，提供 24 种果酱的商店给顾客的选择更多，生意肯定会更好，但事实却截然相反。

提供 24 种果酱的商店虽然增加了 40%~60% 的客户进店参观，但仅仅有 3% 的客户下单购买。而只提供 6 种果酱的商店，却有 30% 的客户下单购买，两者之间居然相差 10 倍。研究人员回访了进出 24 种果酱店铺的顾客，问他们为什么没有下单，顾客给出的答案更让人意外：因为看花眼了，不知道该怎么选择。

最简单高效的收纳方式就是：尽量全部悬挂，空间不够再考虑折叠，最好选择统一的折叠方式。

1.4.2　三个模型，定制专属收纳风格

在做整理之前，一定要根据自己的个人情况，选择不同的方式进行整理。

1. 不同情况的人，选择不同的整理模式

我根据时间、资金两个要素制作了一个象限图（如下图所示），这样可以直观地对比不同的整理方式。现实生活中，位于第一象限的人，一般都是职场女性，而且在公司处于重要职位。

分情况选择不同整理方式

大部分职场女性其实都是在职场和家庭中间高速运转。在公司处理了大量的工作之后，拖着疲惫的身体和大脑回到家，还要面对排山倒海的家务活以及孩子的教育。如果你是这种情况，建议请专业整理师上门服务，这是节省时间、提高生活效率的最优质办法。

比如按照月薪 5 万元的职业收入来看，你每天工作 10 个小时，一周工作 6 天，那么你的日薪就是 1 900 元，时薪是 190 元。但如果每天花时间整理衣服、打扫卫生，因为物品杂乱影响情绪导致的情绪内耗的时间，累计起来便是一笔不小的费用。请一个 4 人的整理师团队工作 1~2 天，就可以将你的整个家庭空间全部整理完毕，费用在 1 万元左右。整理完毕后节省下来的时间，既可以陪伴家人，也可以提升职场力，甚至是给自己的兴趣爱好留出空余时间，怎么算都是一笔不亏的账。

处于第四象限的人，一般都是步入职场的新人。刚进入职场，需要学习的东西很多，还要适应快节奏的工作状态，时间相对来说比在大学时要少许多，而且这个时候工资也不高。建议这类小伙伴暂时将全部注意力都放在工作上，生活上保持简单，把钱省下来买高品质单品，并且尽量穿正装上下班。职业装能够体现新人积极的工作态度，而且我们在穿着正装时也会更加认真地做事。

处于第三象限的人，一般是在校学生或者是家境普通的家庭妇女。时间其实也是一种金钱，大家可以多花些时间买书来看，或者购买第二线上整理课程，自己学习整理。整理类的书籍都算是工具书，按照书里的步骤进行整理，多做几次，也能完成。

处于第二象限的人，一般是家庭主妇或者事业稳定后的创业者。时间多，钱也多，这时候建议大家去系统地学习整理相关的知识和技能。整理是一种工具，可以帮助我们打造高效的家庭系统，是一劳永逸的事情。整理也是一种思维方式，拥有了整理的思维，在对待物品的选择上会更加理智，在人际关系的交往上会更加轻松，在职场工作中也会更加明晰。

学习系统的整理知识，把整理内化成自己的思维模式，我们可以享受整理带来的时间复利，生活和人生会发生质的飞跃，这是接近1 000 万名整理爱好者共同见证的奇迹。

2. 不同情况的人，选择不同的操作方式

在根据个人情况确定了整理模式之后，我们就可以选择适合自己的整理操作方法了。

我根据衣服多少、衣柜大小两个要素制作了另一个四象限图（如下图所示），将不同情况的人分类，给出不同的操作方式。

分情况选择不同的整理操作方法

处于第一象限的人是最"魔鬼"的一类人，衣服多、衣柜小，根本塞不下所有衣服，于是只好堆在凳子上、书桌上，甚至堆在地上。称这类小伙伴被称为"地狱型"，他们需要的是心理操作。

什么叫心理操作呢？就是需要大量反思自己目前的生活状态。

第一，衣柜小的原因是什么呢？是因为房间小吗？能否换一个大一点的房间，或者再买一个衣柜？如果答案是否，而且跟经济挂钩，建议你对自己进行重新定位，不要被外界的营销蒙蔽了双眼。

衣服的数量可以约等于个人欲望：什么类型的衣服都想要尝试；想要吸引更多人的眼光；想要让自己更有魅力、更自信……这时要反思一下，自己买衣服的最深层次原因是什么呢？

第二，反思自己目前的工作状态和经济情况：你是否为了买这些东西而提前消费过多？是否因为工作压力过大而冲动消费？工作压力过大是因为自己能力不足还是公司人手不够？

第三，如果以上两个问题你都有了清晰的答案，那么接下来就可以给自己一个明确的定位了，同时思考接下来的时间主要应该放在哪里。

如果是因为能力不足、工作压力过大而造成的冲动消费，可以暂时把钱都花在自我能力的提升上，与工作无关的衣服可以进行大量舍弃。不用过于心疼这些美丽的衣服，当你的工作能力提升上来时，你的审美水平也会提高。

如果是想要增加个人魅力，以此来提升自信的人，可以选择更加有效的方式：比如健身，让身材更好，精力更充沛，由内到外散发的自信更让人赞服；比如阅读，腹有诗书气自华，流传千年的名言一定有它的道理；比如提升职场力，工作上的正面反馈其实是最快的个人信心提升的方式。

处于第四象限的人属于简单型，衣柜小，衣服也少，衣服刚好可以装进小衣柜里，衣橱整理几乎没有烦恼，用最普通的方式简单操作就好。

处于第二象限的人则属于最复杂型，衣柜大，但衣服也多。寻求上门服务最多的就是这类客户，面对铺天盖地的衣物"大军"，他们基本没有还手之力。这种类型的人很明显是被物品奴役了，我们此时要翻身做主人，就需要进行专业操作了。

处于第三象限的人是天堂型，衣服少，衣柜大，最好选择定制服务，将衣服按照类别悬挂，然后按照衣服的材质、长短、颜色陈列。整理之后在打开衣柜的那一刻，就像韩剧里的霸道总裁们打开衣帽间那一瞬间一般惊艳。每一件衣服会都有固定的位置，宛如整齐有素的军队。

3. 不同性格的人，选择不同的整理方式

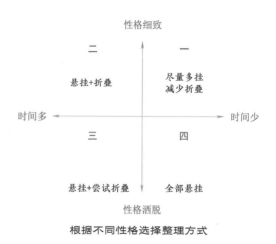

性格细致

二　　　　　　　　一

悬挂+折叠　　　　尽量多挂
　　　　　　　　　减少折叠

时间多 ←──────────────→ 时间少

三　　　　　　　　四

悬挂+尝试折叠　　全部悬挂

性格洒脱

根据不同性格选择整理方式

看到这一步的人，基本上都是想自己来整理衣橱。大家同样可以对照象限图里（如上图所示）的模式进行整理。

很多小伙伴看到职业整理师发出来的前后对比图就止步不前了：天呐，我怎么可能把衣服折得这么整齐？这是不是也太严格了？我天天上班带孩子，家里怎么可能那么整齐？

科学的收纳，并不是一个模子里套出来的。人有不同的类型，对环境的感知和处理也不一样。现在，我就来帮大家发掘自己的整理喜好。

我们可以根据自己的性格和时间找到适合自己的收纳风格。

如果你时间少、性格细致，属于工作能力强而且忙的人，可以选

择第一象限的整理方式：能挂就挂，减少折叠。衣物的折叠很耗费时间，特别是袜子、内裤这种小件物品。衣橱最主要的功能是为自己服务，没有必要非把家里打造成电视中日本主妇的家一样。适合自己的才是最好的。

如果你时间少、性格洒脱，大大咧咧，爱笑爱闹，那你可以选择第四象限的整理方式：全部悬挂。我本人就是处于这个象限，再加上衣服少，基本上 20 个衣架就可以把我当季的衣服全部悬挂起来。

如果你时间多、性格洒脱，你可以选择第三象限的整理方式：悬挂并尝试折叠。折叠衣服并不是没有好处的。稻盛和夫提倡在工作中修行，同理，我们可以在整理物品中修行，而折叠衣服很容易让人进入心流状态。当我们用手掌去感知衣物的材质和温度，用眼睛去感知衣服的光泽和色彩，我们就会对平日所穿的衣物有一种尊敬和珍惜。

如果你时间多、性格细致，可以选择第二象限的整理方式：将高频衣物悬挂，低频衣物折叠收纳，这样会非常适合你。

1.4.2　衣服收纳的具体方法

1. 收纳的 3 个步骤

确定了自己的收纳风格，就可以动手收纳了。所谓"工欲善其事，必先利其器"，想要收纳衣物事半功倍，得先查看衣柜的空间设计是否合理，具体的衣橱改造及收纳用品选择请参看 1.4.4 内容。

除了衣橱改造，收纳过程可以总结为以下三步。

①将常穿的、不适合折叠的衣服悬挂，同类衣服集中悬挂。

②适合折叠的衣服，如果衣橱还有空间，就挂起来；空间不够的话，就叠起来收进抽屉里，或者放在层板上。

③过季衣物可以选用牛津布百纳箱集中收纳。

划重点：物品收纳应遵循上轻下重原则（如下图所示）。

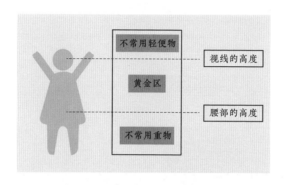

物品收纳的上轻下重原则

从我们眼睛到腰部的高度，被称为黄金收纳区。这个区域是我们不用踮脚弯腰就能够看到的地方，适合收纳高频穿搭的衣物。不常用的轻便物品适合收纳在视线以上的空间里，不常用的重物适合放在腰部以下的空间里。

如果你的衣橱空间并不富裕，不建议收纳与衣物无关的物品。

挂完、叠完衣服后，可以再进行简单调整。将衣服从长到短悬挂，把右下角的位置空出来，即形成一条从下向上的抛物线，剩余空间可以放置包包或内衣收纳盒等。相同长度的衣服可以根据材质、款式、色系调整，会更美观。

2. 悬挂衣服的两个好处

我一直推荐学员和客户悬挂衣服，是因为比起折叠收纳，悬挂有两个好处。

第一是节省时间。叠一件衣服的时间至少是挂衣服时间的 2 倍以上，而且有些衣服穿着时需要重新熨烫。另外，如果把家人的衣服都悬挂起来，他们可以自行搭配和寻找衣服，能够大大解放劳动力。

第二是方便寻找。将衣服叠起来很可能会忘记衣服的款式，或者直接忘记衣服的存在，所以会重复购买相同款式衣物，悬挂的话就不会有这种问题，而且还方便搭配。

衣柜整理示例

案例

我本人属于"懒＋忙"型，每天起床后到出门前是我的固定阅读时间，休息时会看电影或者泡图书馆，所以整理衣橱几乎不会出现在我的待办事项清单中。为了省时间，也为了方便寻找、穿搭和换季，我采用的方式是"全部悬挂"，包括内裤、丝袜、围巾等物品。

因为经常搬家，出租房里的衣柜大小不一，所以我衣服的量是根据衣柜的悬挂空间决定的。不过大部分时候，我当季的衣物保持在20个衣架内可以悬挂完毕。上图是我夏季和春秋季的衣服。

3. 用收纳空间控制物品数量

衣橱整理示例

以上图为例，左边的两个短衣区分别悬挂的是衬衣和深色短裙，右边长衣区悬挂的是长裙和礼服。衣帽间的其他区域，每个部分都有固定的衣服悬挂类型。所以，如果主人还想再购买衣服，就必须考虑衣柜能否放下，此时她可以选择买一件新衣服，同时舍弃一件旧衣服。

如果你的衣橱区域分布不像上图这样明显，那么可以用衣架的数量控制衣服的数量，比如 100 个衣架可以悬挂 100 件衣服，那么你的衣服数量就可以控制在 100 件以内。

这就是用收纳空间控制物品数量的方式。要小心衣服往衣柜外蔓延的趋势，这说明你又开始放纵自己的欲望了。

4. 常穿衣服的 5 种折叠方法

整理收纳是一门选择的艺术。大道至简，最简单的技巧往往更实用。不必追求复杂的收纳技巧，掌握最基本的折叠方式（如下图所示）就好。

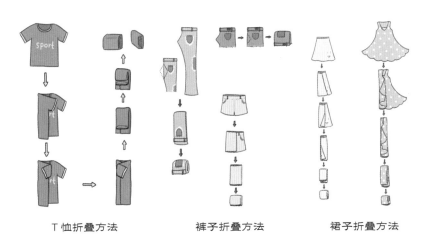

T 恤折叠方法　　　　裤子折叠方法　　　　裙子折叠方法

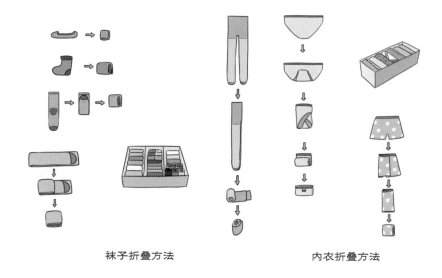

袜子折叠方法　　　　　　　　　内衣折叠方法

像内裤、袜子这种小件物品，折叠好后可以先放进小的收纳盒里收纳好，再放进抽屉或者衣柜层板上。

1.4.4　5种收纳工具，帮你打造有爱空间

《论语》有曰："君子性非异也，善假于物也。"使用收纳产品能够帮助我们更好地收纳物品。

以下的5种衣橱收纳用品，是99%的整理师都会推荐使用的"收纳圣品"：

➤　设计合理的衣柜；

➤　植绒衣架；

➤　纸盒；

> ➢　透明抽屉柜；

> ➢　牛津布百纳箱。

1. 设计合理的衣柜

很多人容易忽略衣柜的原始功能——收纳衣服，所以作为最大的收纳工具，一个设计合理的衣柜，可以减少许多麻烦。

很多人购买收纳用品，其实都是在弥补不合理衣柜的缺陷：因为层板区太高，就买抽屉柜或者伸缩层板，试图放下更多衣服；因为没有层板区，所以购买包包收纳挂袋，占据了黄金的挂衣区位置。

与其购买大量收纳用品去弥补衣柜的不合理设计，不如主动改造衣柜。具体改造办法，可以查找公众号"黄婷整理"，回复"衣橱改造"，查看具体步骤。

合理的衣柜尺寸和构造，可以查看 1.3 "衣物舍弃，给爱留出空间"相关内容。

如果你的短款衣服居多，可以将长衣区改造成两个短衣区；如果你的长款衣服居多，可以将两个短衣区合成长衣区，视自己的情况而定。

2. 植绒衣架

植绒衣架不仅防滑效果好，而且轻薄，只有 0.5 厘米的厚度。同样长度的衣杆，用植绒衣架比用普通衣架能悬挂更多的衣服。

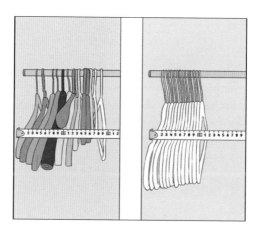

普通衣架（左）VS 植绒衣架（右）

　　植绒衣架的两端凹槽可以挂吊带、内衣，中间可以挂领带、围巾等饰品，因为超级防滑，不用担心滑落，所以很适合悬挂小件物品。我一般都是将内搭的吊带、丝袜、围巾等用植绒衣架挂起来，方便寻找和搭配。

　　如果你的衣服不多，或者衣橱空间充足，可以选用下面这款半圆形浸胶衣架。我本人使用的就是这款衣架。

浸胶衣架

它能够有效规避将军肩，裤子、裙子、针织外套都可以直接悬挂，不起包，而且防水防晒，使用周期比植绒衣架长。但它的价格较贵，防滑效果不如植绒衣架好，厚度约为植绒衣架的 2 倍，所以不建议衣量多的人使用。如果你的衣柜空间够大，或者衣服比较少，推荐使用半圆形浸胶衣架。

不管选用哪款衣架，都建议大家先把衣橱整理完毕后再购买，不建议一次性大量购买，这样容易产生多余的衣架，造成资源浪费。

3. 透明抽屉柜

如果你的衣柜没有配套抽屉或者五斗柜，你可以买一到两个透明抽屉柜，收纳贴身衣物，但不要买太多。建议购买尺寸一样的抽屉，方便自由组合。

很多人会觉得抽屉能够收纳更多衣服，直接占用挂衣区的位置，衣柜表面上看起来整齐有序了，但其实找衣服很不方便。

抽屉柜适合放在短衣区下面，或者层板上，也适合收纳小朋友的玩具。

4. 纸盒

收纳小物件，我喜欢就地使用客户家的鞋盒、礼品盒等。质地坚硬的盒子用来收纳袜子、T恤、丝巾等都非常好用。

纸盒也可以放进各种抽屉里进行分区，收纳药品、食品、文具、零碎小物品等。

如果纸盒不够，使用硬纸袋也可以：将纸袋四周剪出相应的长度，然后把纸面朝里对折，一个手工制作的纸盒就完成了。

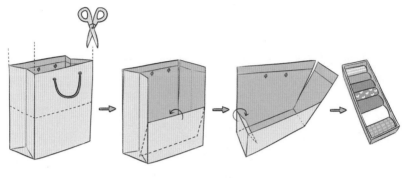

就地取材改造纸盒

5. 牛津布百纳箱

牛津布百纳箱用于收纳过季衣物和床品非常方便，一个 66 升的百纳箱可以装下两个 24 寸行李箱的衣服，也就是大概 100 件 T 恤或 60 条牛仔裤。

除了收纳衣服，百纳箱也可以用来收纳孩子的玩具，特别是毛绒玩具。因为百纳箱比较轻便，不用害怕砸到小朋友。

2~4 个百纳箱足够收纳普通人所有的过季衣物，所以不建议大家大量购买百纳箱。衣橱整理完毕后，再决定是否需要购买，购买前请测量衣柜的尺寸，避免尺寸不合适造成浪费。尽量购买三面都有透明视窗的百纳箱，便于日后寻找物品。

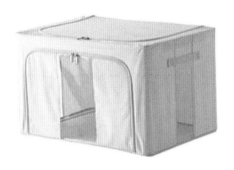

牛津布百纳箱示例

▼ 1.5 让爱人变得爱整理的两个小技巧

经常会有女学员向我抱怨："老公在家什么都不做，用完东西就随手乱扔，真的是油瓶倒了也不会扶。"这时候我都会问学员一个问题："你希望老公做到什么程度，你才满意呢？"

如果不打断她们，我觉得她们可以列出几百条想要老公做到的规则。我通常会让学员把她们的规则写下来，写完后自问："自己能否做到这些？"

我们总是习惯性地对关系亲密的人有诸多要求，却忘了，我们提出的所有要求其实都是束缚自己的枷锁。

1.5.1 给爱人留出 20% 的衣橱空间，让 TA 更爱你

心理学上有一个概念叫"社交距离"，当人们进行交际的时候，交际双方所处位置的距离具有重要的意义：

①亲密接触距离：0~45 厘米，说明交谈双方关系密切，身体的距

离从直接接触到相距约 45 厘米之间。这种距离适合双方关系密切的场合，比如说夫妻或情侣之间。

②私人距离：45~120 厘米，朋友、熟人或亲戚之间往来，一般以这个距离为宜。

③礼貌距离：120~360 厘米，用于处理非个人事务的场合中，如进行一般社交活动，或者在办公场所。

④一般距离：360~750 厘米，适用于非正式的聚会，如在公共场所看演出等。

从"社交距离"中我们可以发现：任何一个人都需要在自己的周围，有一个自己能够把握的自我空间。

将这个理论用于家庭空间的分布，我们就不难得出结论：每个家庭成员都需要个人的独立空间。

而衣橱空间，你只需要给 TA 空出 20%，TA 就会觉得更有家庭地位，更被你尊重。

有一部分学员反馈说："我给老公划分了独立的空间，为什么他还是乱?"

如果遇到这种情况，一般会有两种原因：

一种原因是，你自己没有做到个人区域的整洁，所以伴侣不会把"整理房间"放在心上；

另一种原因是，你把自己的个人区域整理得非常整齐，并要求伴侣做到跟你一模一样，这样只会打击伴侣的积极性。如果伴侣整理好了自己的区域，觉得非常满意，而这时你用自己的标准去否定他的劳动成果，只会让他更厌恶整理。

所以除了给伴侣留出 20% 的私人空间外，还要留给伴侣 80% 的决定权，尊重 TA 的价值观，尊重 TA 个人区域物品的收纳方式。时间久了，TA 就会被你的行为潜移默化地影响。

1.5.2　夸奖比抱怨更有用

如果你觉得伴侣邋遢或者不做家务活，可以回忆你们最初在一起的时候，TA 当时是不是什么都不做？相信刚恋爱时，彼此都会十分殷勤，但渐渐地有一方会变得懈怠懒散，并不是 TA 不爱你了，很可能是 TA 没有得到正面反馈。

正面反馈分为三个等级：零级反馈、一级反馈和二级反馈。当老公做了一件正确的事，老婆最糟糕的反应就是没反应，这就是零级反馈。如果老婆总是零级反馈，老公也会觉得做事没劲，产生失落感和倦怠感，甚至会怀疑自己是不是做错了，下次也就不会再做了。而老婆就会觉得老公不爱她，两个人开始吵架，最后情况越来越糟糕。

当老公做得很好的时候，老婆给予表扬，就是一级反馈。比如老公主动去倒了垃圾，或者陪孩子玩耍，你就可以语言表扬，并且增加两人的肢体接触——拥抱和亲吻，这样可以增加老公肾上腺素的分泌，让他记住"做家务可以让老婆高兴"，这样老公就会渐渐养成做家务的习惯。

什么是二级反馈呢？二级反馈是描述客观事实，表扬他，并且说明为什么。人与人之间是有信息鸿沟的，如果不说明"为什么"，对方可能永远不会知道。二级反馈的主要任务是用来塑造他人的行为。塑造一个人行为最有效的方法是在他做对事的时候，而不是做错事的时候。所以，如果我们希望塑造伴侣、孩子、员工的行为时，应该学会在他做对事的时候，立刻表扬他，并且说明为什么。

用上面的例子举例，老公主动倒垃圾，这时的正面二级反馈是：

"老公，你刚才去倒了垃圾（客观事实），我很高兴，谢谢你。因为你帮我分担了家务，我轻松了很多（为什么），你一直都是我值得依靠的人（他是什么样的人）。"

不要吝惜表达你的观点和爱意。为什么有句话叫"会撒娇的女人最好命"。因为她们从来不吝惜表达对男人的感激和崇拜，这确实是有科学依据的。

还有，不建议大家在卧室安置电视机，睡前其实是非常好的培养夫妻感情和亲子关系的时间段，白天的矛盾和不愉快会在睡前的亲吻和拥抱中被疗愈。但如果睡前两个人看电视或各自刷手机，就会让这种疗愈过程一拖再拖，直至出现不可忽视的问题。

另外，如果你或家人有失眠的问题，可以尝试清空床头柜和床底，尽量不要在卧室堆放物品，引起潜意识的活跃。

▼ 1.6 用完归位，好习惯助力夫妻感情

给衣服选定好位置之后，要养成用完放回原位的好习惯，让物品

按部就班地"和平共处"，衣柜就不容易复乱。

平时因为忙，衣柜变乱很正常。其实只要每天花 5 分钟把衣服放回原位，衣柜就会再次变得整齐干净。

案例

客户 O 的老公属于细节控，只要看到台面上堆满物品，或者地板上有孩子的玩具，就会心情烦躁。虽然他极力克制，但是 O 还是能够敏感地察觉到老公的情绪。O 也会很生气，觉得老公一点都不体谅自己，"家里有一点乱就生气，如果看不顺眼就自己动手整理呀，虽然他每次都否认自己生气，但如果当时有镜子在他面前，他就能看到自己那张讨厌的脸了。"O 这样抱怨道。虽然整理的过程中老公不在身边，但一提到这件事情，O 就非常生气。

这是一件经常引起夫妻吵架的"导火索"。

最后我们的解决办法是：全家人郑重开会，一起规定公共区域的物品用完要放回原位，自己个人区域的物品可以随意摆放。孩子觉得这是个很好玩的游戏，欣然加入，男主人更是双手赞成，而 O 因为有了自己的私人区域，也觉得很开心。

后来 O 反馈："用完归位"真是个好习惯，夫妻之间再也没有吵过架了，孩子的个人习惯也变好了不少。

以上是衣柜整理的内容，你可以按照这个步骤慢慢来。第一次整

整理就是家庭空间的"新陈代谢"

理时，以完成为目的。只要你是带着爱意整理衣柜的，无论成果如何，TA 都能够感受到。

整理衣柜的目的，就是让家变得更有爱，为 TA 营造一个温暖放松的场地。所以整理过程中千万不要舍本逐末，因为意见不合而吵架，或者由于劳动量太大烦躁，而将情绪发泄在家人身上。

只要心中满怀着对 TA 的爱意进行整理，并付诸行动，夫妻关系就会得到改善。

一次整理，其实就是给家里的空间进行一次"新陈代谢"，把"垃圾"和"毒素"排泄出去，留出空间，迎进新的"能量"和"阳光"，让家里的能量循环更加健康。这样不仅对主人的身体健康和心理健康有帮助，还会在无形中改善夫妻关系。

第 **2** 章

儿童房整理，让孩子不再丢三落四

儿童房整理的重点在于，
让孩子主动参与进来，
让孩子有主人翁的意识，
让他知道他有一个属于自己的"王国"
需要领导。

　　我做过的大部分儿童房整理，几乎都是妈妈全权决定物品去留，即使我强调让孩子参与到自己房间的整理过程，也会被妈妈以"孩子太小"或"孩子不懂"为由拒绝。

　　也有少数客户会让孩子自己整理房间，但是自己会把关最后的环节——她们会去孩子扔掉的物品里翻找出自己认为有价值的物品保留下来。只有极少数父母能够做到完全放权。

　　其实，儿童房整理最大的要点是：尊重孩子的使用习惯及父母完全放权，这样孩子才能在适合自己生活的环境里面，培养出自己的天赋。

　　绝大部分父母会把自己的生存焦虑投射到孩子身上，特别是母亲：怕自己的孩子跟不上别的孩子，聪明的孩子怕拿不到第一，智力正常的孩子怕考不上名校，进入大学怕孩子找不到好的另一半，好不容易毕业又怕孩子吃职场的苦，成家立业后又怕孩子健康出问题……这一系列永无止境的焦虑其实才是给孩子的最大的不良影响。因为这样的父母会让孩子觉得自己永远不够安全、不够好，所以他会一辈子寻找安全感和价值感。

　　殷智贤在《整理家，整理亲密关系》中说道："望子成龙的心理比较普遍，但知道如何培养孩子成龙成凤的人却少之又少。大多数家庭从未取得过社会成功，所以就家校传承而言并不知道如何将一个孩子培养成才，而用培养所有人的方式培养自己的孩子，这个孩子成为路人甲的概率远高于成为杰出人才的概率，因为他并没有受过什么特别的教育。"

而作为一名整理师，我的育儿观念永远是：做自己力所能及的事情，改变自己，影响孩子。

▼　2.1　整洁的家庭环境，是父母送给孩子最好的礼物

2.1.1　杂乱的家庭环境，会影响孩子形成"秩序感"

你是否经常因为孩子乱丢乱扔而大发脾气？是否头疼孩子丢三落四的坏毛病？是否需要时刻提醒孩子不要忘记带文具和课本……

我们都跟孩子提过要整理好自己的房间，上学带好作业本和红领巾，但孩子似乎经常不配合。其实，孩子并不是不愿意配合，而是我们只告诉孩子应该"做什么"，却没有告诉他们应该"怎样做""为什么要做"。

蒙台梭利在《童年的秘密》一书中提到过儿童成长过程中心理发展的 4 个特点：敏感期、外部秩序、内部定向、智力发展。其中外部秩序的意思是：儿童总是通过外部物体的秩序去认识他周围的环境，并理解和感知外部世界存在的规律和关系。儿童最显著特点之一，就

是对秩序的热爱。他希望自己周围的环境秩序井然，杂乱无序的环境会使他心烦意乱。他会通过哭泣、叫喊，甚至是生病来表达对杂乱无序环境的不满。书中有一个案例很有代表性。

案例

> 一个小女婴习惯于躺在一张有点倾斜的大床上，床对面是一张铺有黄色台布的桌子。有一天，一位客人来家中做客，这位客人随手把雨伞放在桌子上。于是这个婴儿开始焦虑不安起来，她盯着这把伞开始哭泣。家长以为这个小女孩是想要这把伞，但当客人把雨伞拿给她时，她却把它推开了。雨伞又被放回了桌子上，小女孩继续哭泣，不停地挣扎。最后，她的母亲把雨伞放在门外，她就平静下来了。她之所以焦虑不安，是因为那把雨伞放错了地方，这严重违反了这个小女孩记忆中东西摆放位置的通常秩序。

当儿童能够自由行走时，像个无畏的士兵，可父母出于防御心理，老是想用防护设施把他们围起来。成人对儿童有一种深深的防御心理，总是担心一些东西被破坏。儿童喜欢的一项活动是把盒子上的盖子拿起来又盖下去，或者打开和关上柜门。由于父母觉得危险或害怕孩子把物品弄坏，禁止儿童碰触这些东西，但这些东西对儿童有一种天然的吸引力，于是儿童跟父母的冲突就产生了。这种冲突的结果，常常是以儿童被认为"不听话"而告终。

其实，儿童实际上并不是真正要一个瓶子，只要允许他用某些东西进行同样的活动，他都会满意，这是儿童成长的特性，只是父母并不知道，他们只会觉得孩子在胡闹。

蒙台梭利主张的教育中强调环境对孩子成长的作用，她认为孩子可以自我学习，并自由随意地走动和选择他自己的活动。这个过程中，专注地重复一项活动不受外界干扰是一种内在需要。

根据蒙台梭利的理论，我们不难得出结论：整洁的环境，能够帮助孩子更加专注和健康。

房子的整洁程度能够直接影响孩子和大人的自尊水平。在干净整洁的家居环境中成长的孩子（所有的大人也曾经都是孩子）会对自己的要求更高，遇到渣男和塑料闺蜜的概率更低，对待生活和工作都会更积极认真。这也是一种最简单的吸引力法则：垃圾会吸引更多垃圾。并不是说给孩子买贵的衣服和玩具、送进好的学校就是对孩子进行良好的教育。父母言传身教的影响比任何后天教育的影响要深远重要得多。

无论是夫妻关系还是亲子关系，抑或者是自我关系，其实都和夫妻双方的互动息息相关。孩子所接触到的最原始的对于自我和爱的教育都来自父母。孩子从小观察到的是心平气和的父母还是经常爆发"战争"的父母，对于他价值观的形成起着决定性的作用。后天的教育和环境或许能够让他的性格缺陷得到弥补，但需要历时良久，也有可能需要一辈子。

2.1.2　孩子比你想象的能干

整理对于儿童的发展有不可言说的好处，比如：

◇ 整理可以锻炼孩子的逻辑思维能力：整理过程中，物品的分类过程其实是对孩子物品观察能力、选择分析能力、生活常识掌握、逻辑思维能力的考察和锻炼；

◇ 整理可以提升孩子的选择判断能力：人的一生会面临很多选择，小到一件物品的筛选，大到人生伴侣、职业道路的选择，都需要一个人有抉择能力，而在整理物品、挑选物品的过程中，可以不断地提升孩子的判断能力，让孩子更加了解自己的喜好；

◇ 整理可以增强孩子的独立生活能力；

◇ 整理可以让孩子更健康自信，自尊感强；

◇ 整理可以让孩子更有责任感。

儿童房整理的重点在于：让孩子主动参与进来，让孩子有主人翁的意识，让他知道他有一个属于自己的"王国"需要领导。

父母协助孩子完成整理

生活是我们自己的，没有人可以代替，包括父母。难道我们在现实生活中看到的"高分低能"的巨婴还少吗？相信你也不希望自己的孩子长大后被一堆琐事缠扰。

小时候如果没有学会如何整理房间、摆放物品，长大后面对物品暴增的房间，会更加措手不及。

亲子整理其实是父母根据孩子的生活和学习需求，规划出合理的空间，让孩子在自己的空间里更加自由，从而让"家"这个空间更加滋养孩子成长。

陪孩子一起做整理，成为孩子生活中的榜样，让孩子更加热爱生活、提升自信，从而影响孩子的学习习惯和提高生活中处理问题的能力，这难道不是父母送给孩子最好的礼物吗？

整理本身并不是目的，整理只是一种工具和手段，是让生活变得更幸福的工具。

孩子在整理过程中会遇到很多问题：

◇ 物品数量太多，几乎所有长辈都会给孩子买礼物，但父母会把整理房间的牢骚都发泄在孩子身上；

◇ 数量太多导致的选择困难，会有 30%~50% 的玩具处于闲置状态，占用额外的收纳空间，所以孩子最喜欢的玩具不得不呈现散乱状态；

◇ 数量太多，导致孩子不懂得珍惜物品，这种行为会蔓延到其他事情上，比如不珍惜粮食，吃饭时总是会剩饭……

要解决上面的一系列问题，最重要的一点是：给孩子一个可以完全自由掌控的空间。

很多家长会说："孩子太小，我怕他做不了。"其实我们唯一要做的就是两件事：信任孩子，给孩子提供方便。比如把衣柜的衣杆安装到孩子可以拿取的高度，他便可以自行决定换衣和穿搭；给孩子买一个小凳子，他便可以自己洗手，甚至帮忙刷碗。

很多儿童房兼有睡觉、穿衣、学习、阅读、玩耍等多重功能，这可能会造成书本和玩具总是混放在一起。所以我们可以将儿童房划分成固定的位置：学习区、游戏区，再规划固定的收纳位置，这样孩子就能够很好地保持房间整齐了。0~6 岁的小朋友可以先整理玩具，再整理书籍及其他物品。

案例

家有 3 个孩子的客户 P，自从完成整理之后，她每天的工作量少了非常多，最大的原因是她开始给 3 个孩子分配家务：

上初中的大儿子负责整理玄关、每周做一次饭；

上小学高年级的二儿子负责倒垃圾、打扫卫生间、整理客厅；

上幼儿园的女儿负责擦桌子、给家里的植物浇水、帮两个哥哥打下手。

平时十指不沾阳春水的老公，因为孩子的热情也开始加入了家务劳动大军。P 也开始有了大量的空闲时间，开始练瑜伽、学西点，家里的氛围越来越好。

客户 P 说："以前觉得家里气氛很压抑，总是吵架，有干不完的活儿。自从整理完之后，你告诉我让孩子做家务活，让他们更有参与感，就觉得整个家就像活过来一样，每天都充满欢声笑语。现在连几个孩子做作业都不需要我操心了，3 个人放学回家之后很自觉地在餐桌上学习，而且老大还能教老二，老二教老小，省了我不少补课费。"

这就是孩子的热情和潜力吧，每个孩子都是一个奇迹。

与其弄成一团乱的时候才叫孩子去整理，不如事先让孩子清楚地知道什么东西该放在什么地方。

殷智贤在《整理家，整理亲密关系》中说道："最好的教育是言传身教。家教的作用，在今天被大大弱化了，而其实真正拉开人与人差距的是家教。如今很多家长宁可把辛苦赚来的钱交给课外补习班，让孩子没完没了地上课，以为这样孩子就能多学东西，却从未想过用这些钱让自己学一些东西，提高自己，从而成为孩子成长过程中最佳的老师。"

2.1.3　儿童房收纳的 6 个秘诀

相信通过前面两节内容的阅读，大家已经对儿童房整理的重要性有了初步的了解，此时迫不及待想要知道儿童房整理收纳的方法。

儿童房收纳有 6 个秘诀：

➢　适合孩子的高度；

➢　同类集中；

➢　就近原则；

➤ 不使用过于繁杂的收纳技巧；

➤ 给孩子决定物品去留的权利；

➤ 不要为将来购买衣服和书籍。

1. 合适孩子的高度

根据孩子的身高，选择相应的黄金收纳位置——尽可能是伸手可及的地方，这样有利于孩子养成合理的整理收纳行为，位置太高和太低都不利于孩子拿取和归位。

根据孩子的身高选择收纳位置

经常有父母把家里变乱的原因归结给孩子，但其实孩子是非常无辜的。只要按照他们的逻辑方式设置好活动动线，孩子就会成为家里最会整理的人。

孩子其实很喜欢自己动手干活儿，这对于他们而言是一种游戏，如果这种游戏能够得到父母的感谢，他们会更有价值感。

2. 同类集中

同类集中的意思是：同一类物品集中放置在家中的一个地方，这样孩子想要使用相应物品时，可以直接去固定区域寻找，使用完毕后也知道该放回哪里。

3. 就近原则

将物品放置在离孩子使用最方便的地方，比如文具统一集中在书桌的抽屉或者书架上，而不要放在客厅的电视柜里。

就近原则能够减少"拿取物品的行动成本"，更有利于孩子完成某件行为。比如如果孩子喜欢绘画，一定要将绘画用品和画纸放在孩子最容易拿取的地方。

4. 不使用过于繁杂的收纳技巧

玩具的收纳尽量做到让孩子一个动作可以拿取。不使用选择过于复杂的收纳方式，或者拿取玩具不够便捷的方式。

有些居住面积小的家庭，为了增加收纳空间，会把物品收纳进收纳箱中，然后把收纳箱摞起来，这样会导致底层收纳箱的物品不容易拿取。孩子需要先移开收纳箱上面的玩具，再打开盖子，最后才能从一堆玩具中找到想要的玩具，久而久之孩子就会觉得麻烦，失去拿物品的兴趣。

除此之外，孩子的衣服最好全部悬挂，玩具或书籍最好两个动作以内能够拿到。

5. 给孩子决定物品去留的权利

基本上所有家庭都会留出儿童房，供孩子成长过程中单独居住，但是儿童房物品的决定权并不能完全由孩子做主——孩子其实只有儿童房的居住权，没有决定权。

许多父母会觉得孩子的东西少，所以占用孩子的收纳空间，比如把自己的过季衣服放在孩子的衣柜里，将自己暂时不看的书塞到孩子的书架上。

大部分孩子没有办法选择自己喜欢的服装款式以及想阅读的书籍类型。环顾孩子的房间，书架上可能堆满了家长和老师认为的"必读书目"；衣柜里除了校服，其他衣服可能是妈妈觉得孩子应该穿的衣服。表面上这间房间是孩子的独立空间，但其实在这个房间里他并不完全自由。

父母长时间干涉孩子的决定，会给孩子养成"依赖他人做决定"的习惯。等到步入职场和婚姻生活时，他们也会养成"依赖领导做决定"或"依赖伴侣做决定"的习惯，或者相反地，他们会成为独裁者。

那么父母要如何放权呢？

父母可以跟孩子一起设定物品取舍的游戏规则：

◇　衣服破洞了；

◇　蹭上了洗不掉的污渍；

◇　太紧了穿不进去；

◇　穿着不舒服……

遇到这些情况，可以把衣服直接从衣柜里拿出来，然后你们再一起决定是捐赠还是送人，或者 DIY 成抹布和玩偶。这会大大减少父母的工作量，而且还能借此培养孩子的决断能力，也有助于孩子未来的生活和工作。

6. 不要为将来购买衣服和书籍

孩子生长发育很快，所以很多父母喜欢在逛街时不自觉地给孩子购买未来身高体型的衣服，幻想着孩子长大后穿上。虽然会预先买下尺寸大一些的衣服，但是孩子的成长速度超乎想象，等孩子长大了，这些提前购买的衣服要么不符合你的审美了，要么季节不适合穿，要么就是因为储存不当发黄不能穿了。

和衣服一样，父母在孩子的教育上倾尽全力，恨不得搜罗所有的好书、必读书目、辅导书等，或者留下哥哥姐姐的辅导资料给弟弟妹妹，其实大可不必。教育会改革，辅导书也会每年更新知识点和试题，那些"等孩子大了就可以用到的书籍"只会让孩子觉得读书是一件非常痛苦的事，因为有这么多"必看书籍"。如果给孩子权利，他一定会把这些书籍都扔掉，此时此刻，孩子只需要看喜欢看的书就够了。

案例

客户 Q 的女儿要过生日了，她决定送几本书给孩子，让我给她推荐书籍。当时正巧孩子在旁边，我跟孩子聊了几句，发现正值初中的孩子特别爱看推理小说，于是我把所有我看过的觉得有意思的小说都推荐给了她，其中大部分都是市面上现在或曾经非常流行的推理小说，还包括很多经典的爱情小说、爱情推理小说，其中当然也包括世界名著。孩子被我对小说的热情吸引，买了许多小说。

Q 很担心地问我："这样会影响孩子的学习吗？"

我回答："刚开始可能会影响一些，但是孩子一旦有了自己的阅读兴趣，就会开始不断地看书，小说看多了就会觉得手痒，想要自己写小说，作文能力就会提升；小说的剧情其实差不多，她总会有腻的一天，那个时候她的阅读习惯已经养成了，就会开始看其他领域的书籍，文学、哲学、历史……可能是任意一门学科，也可能是所有学科，你都预料不到。"

▼ 2.2 物品反映出的三种亲子关系

所有的父母曾经都是孩子，在你对待自己孩子的时候，请回想一下儿时父母对待你的方法，是不是惊人的相似呢？

通过大量的上门整理案例，我观察到很多客户家的亲子关系惊人的相似。我把它们总结成了三种模式：掌控型、道具型、平等型。

1. 掌控型

掌控型父母会任意侵入孩子的空间，占用孩子的衣柜、占用孩子房间的书架，甚至占用孩子的床。

他们的口头禅是：你要……赶紧做……为什么不做……

案例

客户 R 是二宝妈，大儿子的儿童房里，衣柜全部用来装床品，孩子的衣服只能放在高低床的台阶上，孩子床上靠墙的位置也全部都是妈妈的衣服。我们去做整理的时候，孩子对我们说："赶紧把我妈的衣服拿出去！"

孩子在家里的空间已经被挤压得只剩下床的一半，以及高低床的阶梯，他如果没有办法从妈妈那里夺回属于自己的空间的话，他会下意识地去抢别人的空间。

整理之后，孩子的衣服全部悬挂了出来，这个孩子才能开始在家舒展开来。

孩子即使年纪再小，也会有属于自己的想法。父母过度侵占孩子的空间，会造成两个人在家庭地盘的争夺战，孩子年纪小时没办法直接反抗，便会利用其他行为反抗，比如故意把玩具弄得到处都是，在学校表现不好、欺负同学，或者不好好学习等。他可能会故意朝你要求的反方向前进。

还有一种掌控型亲子关系更加可怕，就是孩子容易形成低存在感，什么事情都听父母的安排，不反抗也不想反抗，任人拿捏。一旦失去了父母的保护，他就会变得手足无措。

2. 道具型

道具型父母是指孩子是父母实现自己曾经没有实现梦想和目标的道具。这样说可能会有些残忍，让很多父母觉得不舒服："我明明都是为了孩子好，你怎么能这样误会我?"

这类父母的口头禅是："我这么做都是为了你好。""你要是能……爸妈该有多高兴?"

道具型父母把自己的梦想移植到孩子身上，一是因为自己之前没做到有缺憾，二是他们已经完全放弃了自己追求梦想。道具型父母的最终诉求是把孩子培养成自己的装饰品。

这类父母因自己的人生缺憾非常胆怯，从不会主动改变或者尝试新事物。对子女提出的一些要求，他们通常既不赞成也不反对，以维持现状的姿态来应对各种场面。

这类父母家里，肯定会开辟出一个专门的场地放置孩子的奖牌、奖状等，逢人就会夸自家孩子。

3. 平等型

平等型父母非常尊重孩子的想法和意愿，属于最健康的一类亲子关系。他们的口头禅是："按照你的想法去做就好"。

客户 R 衣柜整理前后对比图

案例

客户 R 的女儿马上要高考，于是邀请我们去她家做整理。我们先整理了女儿的衣橱（如上图所示），R 还特地询问了如何整理书桌能够提高学习效率。

父母也会很在意孩子的成绩，但是绝不会在言语中给孩子施加压力。

在衣橱关系上，父母基本不会把自己的衣服塞进孩子的衣柜里，也不会把自己的物品放进孩子的房间，会给孩子足够的私人领域，尊重孩子。

R 在整理的时候跟我们吐槽自己女儿的穿衣风格：她本人是个很有品位的职场人士，处于高三的女儿穿衣风格却像个假小子。但也只是吐槽，作衣物取舍时，女主人只是淘汰了女儿明显破旧或者不能再穿的衣服，将女儿喜欢的衣服全部悬挂了出来。

给孩子独立的空间，尊重孩子的喜好，也有利于孩子独立人格的养成。

▼ 2.3 给玩具"安个家"，孩子玩完送回"家"

对于玩具，不建议父母给孩子购买过多玩具。《童年的秘密》一书中提到：玩具或许只是儿童生活中的一小部分，他们是因为没有更有意思的事情去做才去玩玩具的。对儿童来说，玩具就像成人下象棋或打桥牌一样，只是一种闲暇时的消遣活动。孩子只有觉得无聊的时候才会玩玩具，就跟成人觉得无聊的时候玩手机一般。玩具太多反而容易分散孩子的注意力。

孩子最好的玩具其实是父母，如果问孩子的愿望，大概率会是：希望父母放下手机，陪陪自己。

很多大人因为愧疚陪伴孩子的时间太少，所以会用玩具补偿，时间久了，孩子期待的不再是你的陪伴，而是你出现时带来的玩具，亲密关系的状况可想而知。心理学家研究表明，和父母的亲密关系出现问题的孩子，长大后也往往不太会处理自己的人际关系。

玩具太多，孩子会不珍惜物品，小时候不珍惜玩具，长大后不珍惜任何金钱能够购买的东西，因为他没有学会珍惜，那么不管是对待工作还是感情，他也都容易不珍惜。

玩具的整理方法也是按照"黄金整理5步法"进行。

第一步：集中

将家里所有的玩具集中到一个地方，方便统一做分类筛选。

做这一步时，可以跟小朋友说："我们一起做游戏好吗?"如果跟孩子说"我们一起整理房间吧"，他们可能不会感兴趣，甚至会抵触。但是做游戏是小朋友们喜欢的，是他们的天性。

第二步：分类

做整理的过程中，如果小朋友不在家，我会习惯把玩具分为 6 大类（如下图所示）。

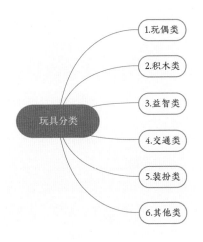

玩具的分类方法

但如果小朋友在家的话，建议大家让小朋友自己决定具体的分类方法。通常我们可以根据孩子的分类方式，看出孩子的思维方式以及对事物的见解。例如，把玩具按自己玩的、朋友玩的、妈妈玩的进行分类，说明这个孩子比起玩具本身，更关注自己和他人的关系；也有的小朋友会根据玩具的颜色分类，这类孩子就比较有艺术天赋。我还遇到过给玩具命名的小朋友，她是按照玩具在家族的位置进行分类，比如爸爸家族、兔子军团、云云（她的名字）队伍等，很明显，这个小朋友对于关系的划分有与生俱来的天赋。

你家的孩子会怎样对玩具分类呢？

爸爸妈妈们也可以在整理中思考自己的分类方式。需要注意的是，分类不要过于细致，这样会增加孩子整理难度。父母在孩子整理时可以适当提供帮助。

第三步：舍弃

玩具分类完毕后，就可以进行舍弃了。

舍弃的玩具可以简单分为以下三类：

①垃圾回收类：明显破损或者劣质产品等；

②转送朋友类：不经常玩，低于年龄段，或者同类玩具过多；

③公益捐赠类：如果不想送人，可以捐赠。

在取舍过程中，如果孩子说"什么都要，一件也不扔"的话，可以重新引导孩子，告诉他目前不需要的玩具可以送给其他有需要的小朋友，或者捐赠给买不起玩具的小朋友。家长不要因为孩子的"不配合"而发脾气，这样只会造成孩子更加抵触整理。

另外，在做物品取舍时，一定要充分尊重孩子的选择。很多父母会在孩子做完决定后直接否定："这个玩具很贵，你为什么要扔掉！""这个玩具你才玩过几次就不要了？以后再也不给你买玩具了！"许多孩子其实很喜欢整理，但是当他发现在整理的过程中他完全没有决定权的时候，就会开始对整理提不起兴趣，甚至直接抵触，跟家长对着干。

所以，如果在整理孩子物品的过程中你和孩子意见不同，可以试着问他："为什么不喜欢这个玩具了？"要试着跟孩子沟通，了解他心底的想法。

案例

某次上门整理的过程中，我发现有个小朋友不喜欢新买的玩具火车。细问原因，原来是父母购物时吵架，他觉得是自己的错，所以再也不玩玩具火车了。

当然，整理的过程中，也会出现误扔的现象。明明整理的时候孩子还斩钉截铁地说自己不需要某个玩具了，可是过几天看到别的小朋友玩，他又想要了。这个时候，可以再跟孩子进行一次沟通："为什么你又想要这个玩具了？""为什么当时把它扔掉了呢？"如果孩子确实很喜欢，可以再跟他一起去超市买回来，让他从这个过程中拥有"喜欢""珍惜"等美好品质。

小技巧：如果整理过程中，孩子扔掉了很多玩具，而你觉得孩子看到别的小朋友玩，他一定会再玩的，可以设立一个中转区——将这些玩具收在纸箱里，等待 3 个月，如果孩子一次都没有提起过，就可以将玩具舍弃掉了。

在整理玩具的过程中，一定要不断地跟孩子沟通，一起决定玩具的去留和收纳方式。因为对孩子而言，玩具是陪伴他们的朋友。

第四步：收纳

玩具的收纳可以参照本书 2.1.3 内容。

注意不要为了完美收纳而忽略孩子的感受，如果孩子对于整齐度要求并不高，就尊重孩子的喜好，确实有很多孩子会在"大人觉得混乱"的空间中玩得不亦乐乎。

第五步：归位

首先，给收纳盒贴上标签。这样有利于孩子养成用完归位的好习惯。不识字的孩子，可以选择图片标签，和孩子一起画手绘标签是一个很不错的亲子游戏。

其次，遵守"One in，one out"法则，进一件出一件，这样就不会导致收纳空间不足。

现代职场人工作繁忙，没有时间陪伴孩子，于是为了弥补陪伴的缺失，会选择给孩子买各种玩具。也有些父母是因为自己小时候没有得到过玩具，所以为了弥补童年的渴望，给孩子买很多自己儿时期待的玩具。但其实，你就是孩子最好的玩具。与其花钱给孩子买各种玩具，不如花时间陪孩子玩耍。

案例

　　我整理服务过一个家庭，客户夫妻二人都觉得比起给孩子买很多玩具，高质量的陪伴更重要。所以家中的玩具并不多，夫妻二人会经常利用周末的时间带孩子去接触大自然。家中的客厅也留出了大面积的空地，整理的过程中他们直接舍弃了电视，把电视柜换成了一排矮柜用来装书，这样孩子在玩玩具的时候看到绘本，想看随时都能看。夫妻两个人平时空闲时间也会在家读书，跟孩子一起阅读、绘画。

▼　2.4　书籍整理，让孩子爱上阅读，父母省心又省力

　　令家长头疼的物品，除了玩具，就是书籍和学习用品了。这一节我们就来聊聊书籍的整理。

　　造成孩子书籍不易整理的原因有很多，比如：

　　◇　学前儿童的绘本大小不一；

　　◇　学龄儿童的各类教科书、课外阅读书目、手工作品等颜色繁杂；

　　◇　孩子的书籍随着阅读能力的增长更新速度快……

　　为了解决孩子书籍整理的难题，我们还是用黄金整理 5 步法吧。

第一步：清空

　　将书架上的书全部清空，并把孩子散落在床头柜、客厅茶几、玄

关等地方的书籍统一集中在一个地方。

如果孩子的书堆成了一座让人讶异的小山，恭喜你，孩子的阅读量一定够了！如果这些书都是你认为孩子应该看的，一定要反思，自己是否对孩子的教育过度焦虑？这种焦虑是否已经传递到了孩子身上？孩子是真的喜欢阅读还是被迫阅读？

第二步：分类

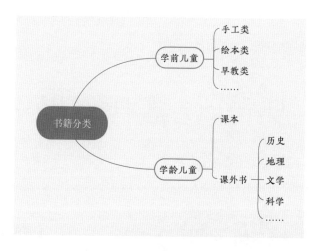

书籍的分类方法

上图是书籍最常用的分类方式。你也可以和孩子商量书籍分类的方式。喜欢艺术的小朋友可能会选择按照颜色分类，逻辑思维能力强的小朋友可能会选择按照书名首字母分类，也有些小朋友会选择按照书籍的高度分类。

如果孩子的书籍数量并不多，不需要额外分类。

第三步：舍弃

3 岁以前的小朋友，认字并不多，书籍以绘本为主，家长可以帮助孩子一起做取舍。这个年龄段的孩子喜欢重复阅读某一本特别喜欢的书，所以家长可以根据孩子的兴趣做筛选。

3~6 岁的小朋友处于兴趣摸索阶段，家长会购买各种类型的书籍回家。这个时候可以和孩子一起，每一本书都筛选一遍，已经过了阶段需求的书、破损很严重的书都可以舍弃掉。

6 岁以上的孩子，已经完全具备思考能力了，但大部分书籍并不能由自己做主，比如教材、辅导资料、学校规定阅读的课外书籍等，这类书籍即使孩子不喜欢也没办法扔掉。但家长可以让孩子自行决定必备书籍以外的课外书，比如父母或长辈送的世界名著等。这些书籍虽然优质，但孩子的阅读兴趣和阅读能力并不在此，这时可以跟孩子商量书籍的去留，减轻孩子的阅读压力。其实对于成年人而言，如果书柜里有一半是自己不喜欢的书，恐怕也没有兴趣阅读了。

小技巧：不需要的书籍，可以和孩子一起送给其他需要的小朋友，让孩子明白知识的传递性。

第四步：收纳

儿童房书籍的收纳可以按照年龄来设计：

①6 岁以前的小朋友：尽量将书籍的封面摆放出来，以此区分书籍。书籍的高度最好在孩子站起来举起手就能够到的地方。

儿童房书籍的收纳方式

②6岁以上的小朋友：学龄段的孩子书籍逐渐增多，而且随着孩子阅读能力的提升，孩子能够阅读的书籍厚度逐渐增加，这时可以给孩子使用最常见的书柜收纳书籍。

我有一位客户，原本是找我们整理家中的衣帽间，后来又委托我们整理孩子的书架、飘窗和书桌。这也是我想说的，很多时候家里有一个区域变得干净整齐，就会想要家里其他位置也变得干净整齐，这就是视觉的统一性。大家在做整理时，不要一开始就整理家人的物品和区域，先把自己的衣柜整理整齐，老公或老婆就会觉得自己的衣柜乱，一段时间后就会来向你请教。把玄关整理整齐，也许婆婆就会觉得厨房太乱了，一段时间后就会主动整理厨房。

大家只要把注意力集中在自己能够控制的那部分，再加上一点耐心，相信家庭中的幸福感会越来越强。

儿童房整理前后对比示例图

案例

在一次书房整理过程中，小客户虽然才上三年级，但已经能很明确地区分哪些书籍是喜欢阅读的，哪些书籍是不会再看的。当时，小客户的父母都在旁边替她做决定，爸爸说这套书不要了吧，你都看过了，小客户立刻反驳道："这几本书得留下来，我还会再看的。"妈妈说这套书对你来说太难了，不要了吧，小客户就会说："这是爸爸给我买的，以后会用到的。"

小孩子学会了取舍规则之后，基本不需要家长动手。小客户很快就取舍完了满地的书籍，整理师只需要把她留下来的书籍按照类别放回到书架上就好。

飘窗上有各类包包、玩具、礼盒，小客户都是自己做取舍，包括玩具，她说自己是大孩子了，有些玩具不需要了，但是有几个毛绒玩具必须留着，因为是家人买给她的，就连时间和地点，小孩子都记得清清楚楚。

在整理书桌时，我发现小朋友有好多各种各样的橡皮，她也很吃惊自己买了这么多，看到满满一盒子的橡皮，她说自己以后不会再乱买东西了。后来我告诉她，边吃东西边做作业会影响学习的速度。孩子听后，表示以后会改掉这个习惯。

举这个例子只是想说，孩子在 6 岁基本已经能够独立思考，这个时候家长只需要给他们足够的信任和指导，他们就能够独当一面了。不管是衣服还是书籍，学习还是娱乐，只要告诉孩子正确的方法，他们就会自己思考并实践了。如果一味地强行要求孩子怎样，自己却没做到，只会让孩子反感。

另外，小孩子的整理效果其实比大人要好，小孩子专注，并且喜欢整理。大人们虽然知道很多方法和技巧，但是因为注意力容易分散，加上行动力不足，总想着等有时间再整理吧，大部分时候整理都是不了了之。

所以如果你想生活和家庭发生好的改变，一定要先从自己做起。

这个案例还没有讲完，孩子的书房整理的差不多时，妈妈跑回卧室开始整理自己的五斗柜。我和孩子去主卧找她时，她很高兴地问我自己整理得怎么样。我真的觉得妈妈能够主动整理房间是一个很好的表现，当即表示夸奖。没想到孩子立刻嘲笑了母亲，因为孩子刚才经历了一次大型整理，并且完成得很出色，看到母亲的作品自然会嘲笑。

妈妈将所有的物品紧紧挤在一起，以为空出抽屉的大部分空间就会很清爽，其实分类不明确，物品挤在一起会更难寻找。我让妈妈拿了几个小盒子，分类分区收纳，抽屉瞬间好看了很多，而且不会显得拥挤。

第五步：归位

同样地，用完之后放回原位，能够保持房间的长期整洁。

现在的大部分家庭里，成年人的书籍也有不少。如果父母能够做到看完书后放回原位，孩子也能更好地养成"归位"的习惯。

▼ 2.5　儿童书桌整理，提升孩子专注力，父母不吼不叫

除了成人的书桌会杂乱，儿童房的书桌也特别容易乱。但书桌混乱，孩子会比大人更容易分散注意力，可能导致孩子多动、注意力不集中、成绩跟不上，而且特别焦虑。混乱的书房不利于孩子培养良好的学习习惯。

孩子的书桌可能有以下三种特点，导致书桌总是凌乱不好打理：

　◇　物品不做分类，混杂在一起；

　◇　各类文具数量繁杂、零碎，无从下手；

　◇　收纳散乱不集中。

所以，儿童书桌的整理，重在分类和统一收纳。

第一步：清空

儿童书桌上最主要的物品是各类文具及文具周边，比如各类笔、橡皮、贴纸等。这类物品体积小、数量多，而且家长和孩子习惯随手买，买回家随意塞在某个角落。

所以，清空书桌的过程必不可少。将书桌里所有的东西都掏出来，然后把散落在家中的文具集中到一块儿，不要放过任何一个角落。

第二步：分类

分类的步骤可以模仿文具店。即使是第一次进入文具店，我们也能准确地找到自己想要购买的物品，就是因为文具店按照合理的方式将文具进行了分类。

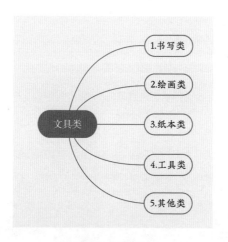

文具的分类方法

第三步：取舍

文具价格便宜，又属于学习必需品，所以家长不会吝啬给孩子买文具。正是因为文具获得的太容易，孩子往往不太懂得珍惜。

过多的文具容易分散孩子的注意力，如果笔筒里插满了五颜六色的笔，孩子在做作业之前肯定需要花费一些时间思考到底用哪支笔。我还遇到过这样的小客户：因为家里有五颜六色的彩笔，所以她的日记本也配备相同颜色的封面，根据当天的心情颜色选择写日记的本子。

文具的取舍主要是针对已经破损的文具、已经不适合现在年龄段的文具。如果孩子已经上小学了，可能不太需要好几盒蜡笔；如果孩子学业繁忙，或许大量的水彩颜料和彩色铅笔就不需要了，毕竟文具的保质期大部分在 3 年左右。当孩子有时间了想捡起画笔时，可以再带他去超市精挑细选一份。

第四步：收纳

具体的收纳情况根据每个家庭书桌构造的不同而不同，但基本上都包括桌面和抽屉两个部分。

书桌表面尽量不要放置太多物品。除了需要经常翻阅的教材、辅导书、作业本，以及正在阅读的课外书外，其他书籍尽可能放在书架上。学习桌上如果放置太多书籍，会无形中给孩子造成很大的精神压力。儿童房的书桌整理可以参考 4.6.1 内容。

书桌抽屉里收纳常用的文具，比如胶带、修正液、计算器、卷笔刀、订书机等。

抽屉里可以利用纸盒或者收纳盒分隔成小区域，每个区域里收纳相应的文具。同样的，书桌的收纳方式要尊重孩子的本性，如果你家孩子的性格属于大大咧咧、不拘小节型，那么太细致的分类会造成孩子的负担，只需要把抽屉分成几个大隔断，他能够根据大小找到需要的文具即可。

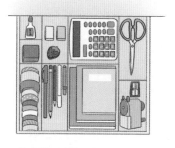

书桌抽屉的细致分类方法

书桌抽屉的大致分类方法

第五步：归位

收纳完毕后，可以给每个区域贴上标签，帮助孩子更好更快地记住每个分区，这有利于孩子用完物品后放回原位，减少书桌复乱的可能性。

"进一件出一件"原则也适用于书桌整理。文具体积再小，也要三思后再购买，买之前可以想一想，这类文具是否还有收纳空间，家里是否还有备用品和存货。

▼　2.6　让孩子参与家务活，培养孩子的责任感

2.6.1　通过家务活培养孩子的归属感和价值感

在孩子还小的时候，家长往往不放心他们做家务，担心孩子会受伤。等孩子长大了，他们又要忙着各种兴趣班和补习班，似乎没时间做家务，家长也会担心孩子太累，从而导致孩子在家几乎什么都不用做。

这种以为"为孩子好"的行为，其实在成长过程中对孩子伤害很大。

孩子们需要知道，自己是家庭中重要的、有用的、有贡献的一员。如果他们不能以积极的方式获得满足感，往往就会寻找不那么积极的方式去感受自己的重要性。

做家务有助于增强孩子的家庭存在感，而且还能锻炼他们的动手能力和安排能力。通过在家里帮忙，孩子不但能学会基本的生活技能，还会发展社会兴趣和增强自信心。因此，在孩子还小的时候，家长不要忽略孩子干家务活的重要性。

2.6.2　把家务活变成好玩的游戏

有不少家长反馈："让我的孩子做家务简直是一场无休止的战争。他总是说会去做，但总要经过不断地提醒和争吵，最后往往以惩罚结束。每次看到这样，我都想放弃了，想自己做每一件事，但想到他需要学会承担责任，又不能这么做，所以特别纠结。"

其实，对于孩子而言，家务活既可以是一项责任与义务，也可以是一种技能与游戏。和孩子一起做整理，其实是最好的亲子游戏。父母可以与孩子一起头脑风暴，列一个家务活清单，然后通过一些好玩的方式，比如家务活抽签罐、飞镖等，让孩子"抽"出本周他负责的项目。

一般而言，孩子在五六岁时，在家里就可以承担几项固定的家务活了，比如倒垃圾、洗碗、擦桌子、叠床铺，整理书架、玩具架、鞋架、自己的书包，以及一些厨房的小家务等。

最开始让孩子做家务活的时候，不需要他做得很完美，也不要要求他把某件事情坚持到底。做任何一件事情，如果被赋予太大的压力，就会失去行动的动力。

家务活也可以很好玩

2.6.3 沟通方式很重要

很多父母想要孩子自己整理房间时，通常会选择命令、恐吓或者奖励的方式激励孩子。

首先，命令只会让孩子更反感。父母如果自己做不到，却一味要求孩子养成整理的习惯，只会让孩子开始怀疑。孩子很聪明，当他发现你的命令没用时，便不会再听了。

其次，恐吓会让孩子觉得生活没有安全感。比如"赶紧把玩具收拾好，要不然我就扔掉了"，这种话说多了，孩子会以为"不做事会受到惩罚"，长大后就无法心安理得地休息，总是会给自己制造各种麻烦。

而金钱奖励会让孩子觉得家务活和整理是一种索取的方式，而不是发自内心地去做事情。引申到生活中的其他事情，比如成绩、兴趣爱好，甚至成年后的工作、人生等，孩子都会计较和算计得失。

在与孩子沟通的过程中，平等的方式会得到孩子的良好回应。例如这样说，孩子往往会更愿意听："你和妈妈一起收拾玩具好吗?"当孩子依旧拒绝整理时，可以放弃整理，听一听孩子心里的想法。孩子的每一个行为背后，隐藏的其实是整个家庭思维模式的问题。

案例

客户 S 总觉得孩子不听话，每次让孩子收拾房间都会被怼回来。比如 S 如果让女儿把脏衣服放到洗衣区去，女儿就会顶撞道："你厨房的碗还没刷呢!"一句话噎得 S 心塞不已，但又无可奈何。

而这种事情每天都要发生几次。

我在 3 天的全屋整理过程中观察到，S 跟她老公的相处模式也是如此。只要老公回来唠叨几句，比如"我的西服怎么还没送去干洗""刘总老婆的生日礼物还没选好吗"，S 就会像机关枪一样回击她老公，而话题无外乎是老公还没做完的事情。

当我向 S 指出这个问题的时候，S 顿时泪如泉涌，说出了心底的真实想法。原来她是想用唠叨提醒老公，他已经很久没有陪伴她了，她内心觉得十分孤单。这时她才恍然大悟，原来她一直沉浸在自己的情绪中，忘记了女儿更需要爸爸妈妈的陪伴。意识到问题所在后，整理结束的当晚，S 跟老公、女儿开了一次家庭会议，表达了自己的想法，也承认了自己的错误，一家人抱头痛哭，之后就改掉了"顶撞式"的沟通方式。

都说孩子是父母的"翻版"，"熊孩子"背后都有"熊父母"。我们都知道，父母是孩子的第一任老师，父母如果能做到将自己的物品打理得井井有条，孩子会潜移默化中学会这种能力。所以，如果希望孩子能够养成整理房间的习惯，要循序渐进地进行，前期不对孩子做过多要求，只要能够做到"放回大致的位置"就可以了。等孩子从"随手乱扔"养成"在固定区域"玩耍之后，可以再要求孩子"把散落在外面的玩具放回收纳盒里"，最后再告诉孩子，如何让收纳盒的玩具摆放得更好看。

第 **3** 章

井井有条的厨房，
做出爱的美食

一个动作就能取出物品，
才是厨房收纳的理想状态。
给自己营造一个被心动物品包围
的能量场做饭，
会更容易体会到幸福。

▼ 3.1　打造可以和TA一起做饭的厨房，增加亲密时光

厨房是家庭中比较复杂的区域，东西多、物品杂，多由家中承担做饭职能的成员打理。比起透露夫妻关系的衣橱、反映亲子关系的儿童房，厨房更能够反映出家庭关系背后的复杂程度。

3.1.1　你整理厨房的深层动机是什么

大部分家庭的烟火气息都是透过厨房表现出来的。而且厨房承载着温饱和健康的重担，所以意义重大。甚至在传统观念里，很多家庭主妇的价值都体现在做饭是否可口上。

很多学员会问我，如何打造一个井井有条的厨房，这个时候我会反问他们："为什么想要让厨房井井有条？"大家的回答无外乎以下几种"这样做饭效率会更高""厨房可以放下更多东西""想让厨房看起来赏心悦目，这样做出的饭菜也会更可口"。

想要通过整理厨房提高生活效率的学员，我会问他们是否平时工作比较忙，或者是否自己不喜欢做饭但不得不做。如果是前者，我会

建议他们请保姆做饭，或者寻求父母的帮助；如果是后者，则可以调整态度，或者与另一半协商。

我有一个学员说，她其实对做饭很感兴趣，但是老公经常会有意无意地暗示她，希望她能够每天做饭，这让她非常反感，所以才开始讨厌做饭。其实她可以先跟老公沟通，然后调整态度：我是因为自己喜欢做饭所以才做饭，顺便能够照顾老公的饮食而已；当我觉得疲惫时可以选择不做饭，一切都是我主动选择的结果。调整态度后，她再也不会因为老公的话而感到烦恼了。

想要在厨房放下更多物品的人，通常是无意识地囤积物品，只要帮他们发现自己囤积物品的"无意识"，就能顺利地解决囤积问题。

案例

学员 T 从事的是新媒体行业的工作，工作压力非常大。因为行业变动大，她总是害怕自己会失去工作，而一想到自己会失去工作，她就开始脑补自己没工资付房租，没钱吃饭，最后流落街头，所以她总是囤积大量的生活用品，防止自己饿死。而继续询问她的童年生活，她才意识到，原来自己小时候经常听到妈妈担心粮食收成不好、养不活孩子，她不自觉地内化了妈妈的思考模式。

当 T 了解到这个原因后，她的解决办法是强制储蓄。因为 T 的大部分工资其实都被她无意识地用在了买生活用品和吃东西上面，暴饮暴食也让她有体重烦恼。而强制储蓄后，T 开始自己做饭，消耗家中的囤粮，学会动用自己的智慧生存，最终 T 不仅体重减下来了，存款也越来越多，厨房的物品也越来越少了。

想通过整理让厨房看起来更舒服的学员，大部分是对生活有过憧憬的。所以对于这类学员，我会让她们详细罗列自己理想的厨房模样，描述自己理想的厨房生活，越细致越好。

一部分学员会发现，他们想要的不是理想厨房，而是更大的房子、更多的空间。一部分学员则会想象得非常细致，连使用的锅具品牌和碗碟数量都能罗列得一清二楚。这类型学员基本上会在不久之后过上自己的理想生活，有些是通过改造厨房、升级厨房用品质量的方式，有些则是经济条件提升从而更换住房。

还有一部分学员却是是想提高做饭手艺。所谓"工欲善其事，必先利其器"，整理厨房就是一个很好的途径。但是切忌不分主次——不要把厨艺的提高全部归功于厨房的美观程度及装备的丰富，很多母亲靠一个铁锅和几味简单的调料就能做出非常美味可口的饭菜。

3.1.2 厨房整理的痛难点

作为家庭健康管理和营养补充的重地，可以毫不夸张地说，厨房在一个家庭中，重要性仅次于卧室。但厨房也是让人头疼不已的地方，厨房整理过程中的难点和痛点太多：东西多、物品杂、容易乱。

如果操作台面积太小，各种物品堆积在一起，目光所及之处会特别混乱，相信这也是大家最头疼的地方。比如待洗的碗筷，各种清洁剂和小家电，脏掉的毛巾，零散地占据了整个操作台面。

下面的案例是大部分家庭都会出现的情况——橱柜设计不合理，特别是下方的橱柜。有的像左图一样，不设置层板，所有的物品都堆在一起，渐渐地，很多锅和食材就闲置了；有的是像右图一样，设置基本不用的烤箱，占据橱柜的黄金收纳区，而这块地方设计成抽屉装碗碟是最方便的。

不合理的厨房橱柜设计

还有一个常见的问题，就是层板间空隙太大，导致碗盘、食材等物品只能摞起来，要拿下面的东西很不方便，空间利用率比较低。

冰箱也是很多人头疼的地方。很多人喜欢把各种食材都放进冰箱，怕食物过期，导致冰箱里的东西越来越多。而且因为塑料袋很多，颜色杂乱，最后很容易就忘记冰箱里到底装了些什么。在整理冰箱时，基本上每户家庭都能找到已经过期的食物。

不知道大家在厨房整理中有没有这些烦恼呢？接下来，我们一起看看厨房的整理步骤。

▼ 3.2 清空厨房：爱自己，对杂乱说不

先把厨房橱柜中的所有东西都拿出来，可以摆放在餐厅或客厅的地面上。尽量空出足够大的场地来，因为厨房物品非常多，而且杂。

橱柜清空之后，大家可能会很惊讶：明明是关系到我们健康的地方，而且碗筷每天都会清洗，但碗柜里还是有一层灰，甚至有一些小动物留下的痕迹。

大家这时不用惊慌，几乎每个家庭都会出现这种情况。我们只需要将橱柜擦干净，并在心里告诉自己：这会是一个全新的开始，我接受过去的生活，并对未来的生活充满希望。

清空完毕之后，面对空荡荡的橱柜时，可以在心里仔细思考：

◇ 我的理想厨房是怎样的？

◇ 我会在理想的厨房里怎样生活？

◇ 现在的厨房跟理想的厨房是否符合？差距在哪里？

◇ 要如何利用现在的厨房，提前过上理想的厨房生活？

当把上面四个问题想明白时，再开始动手整理厨房物品，会事半功倍。

小技巧：厨房的易碎品比较多，清空的时候要注意物品轻拿轻放；

尽量在小朋友不在家时整理厨房。

▼ 3.3 厨房物品分类，找东西不用愁

厨房的物品基本上可以分成五大类：餐具、厨具、杂粮干粮、调味品、清洁用品。

下面，我们分门别类，介绍它们的收纳方式。

3.3.1 餐具

第一类餐具，杯、盘、碗、盏等都属于这一类。

对于两年内没有使用过或者劣质的碗碟，大家可以选择舍弃，像购物赠送的塑料碗、周年庆公司赠送的带有 logo 的茶具等，如果是确定不会使用，或者使用感很差的，可以选择舍弃掉。

另外，外卖剩下来的一次性筷子，如果家里集满了一大袋，也可以选择舍弃一部分，给使用频率高的餐具空出位置。许多小伙伴总觉得，这些一次性餐具可以等朋友来家里玩的时候用。那其实大家可以想一下，朋友来家里吃饭，你会用一次性餐具来招待他们吗？一般情况下不会。也有人说可以出去野餐的时候带着用，那你可以回想一下自己野餐的次数及每次去野餐的人数，按照这个量预估一下需要留多少，剩余的就可以舍弃掉了。因为家里面的空间是有限的，没有必要用几万一平的房间，去装几块钱的东西，太不划算了。

案例

客户是一个非常可爱的都市白领，她每次去逛街都会忍不住买好看的碗碟和筷子、勺子。因为工作太忙，再加上单身，每次吃饭的时候她要么刷视频，要么追剧，不管吃什么都觉得味同嚼蜡，很难安安静静地享受一餐美味。当她看到橱窗里精致好看的餐具时，总是幻想自己使用这些餐具幸福地吃饭，所以下意识地买了接近十人份的餐具堆在厨房里。

其实厨房物品分类跟衣服、书籍的分类一样，我们可以从每一类别物品中看见自己心里的声音。

3.3.2 厨具

第二类厨具，锅、碗、瓢、盆等都属于这一类。

问大家一个问题：你知道自己家一共有多少口锅吗？

一般的家庭会有铁锅、砂锅、不沾平底锅、汤锅、奶锅、电饭锅、蒸锅等，再加上电饭煲、微波炉、榨汁机、面包机、三明治早餐机、酸奶机、煮蛋器、热水壶等各类小家电，即使厨房再大，这么多厨具也可能放不下。更何况有些锅一买就是一套，会存在功能重复。

大家可以先对厨具进行分类，分类完后可以把已经坏了或者破损的厨具舍弃掉，或者把功能重复、款式并不喜欢、使用频率不高的厨具舍弃掉，送人或者捐赠都好。我们一天只吃三顿饭，一顿饭可能只需要使用一到两个厨具就好，如果厨房空间很小，实在没必要囤积这么多厨具。

厨具过多，是大部分家庭常见的情况。很多商家为了刺激消费，会做满送活动——消费满 × × 元，赠送电器一件，这时很多人就会忍不住心动。还有很多人是因为电商主播宣传，或者生产商大肆宣传品牌电器功能强大，因而导致的冲动消费。

除了以上原因，我的很多客户过量购买厨具的心理原因是：想通过多功能的厨具，做出更美味的食物。而这种想法的背后，可能是想更多地表达对家人的爱意。所以如果你有这种想法，希望你能分辨这种想法背后自己的目的——纯粹是想表达更多的爱，还是想要以此作为交换，让家人更爱你。

如果是前者，那么即使你做出来的食物家人不喜欢，甚至说不好吃，你也不会生气，反而会询问不好吃的原因，争取下次改进口味。如果是后者，一旦你用心做出来的食物没有得到应有的尊重或重视，你就会觉得失落、委屈、痛苦。这种情况，你需要重新整理自我价值，本书第五章自我整理的内容会对你有很大帮助。

3.3.3　杂粮干货

第三类杂粮干货，大米、红豆、面粉等干粮，以及木耳、燕窝等干货，都属于这一类。

这类物品保质期比较久，不容易变质，但尽量不要囤积太多，容易招惹蟑螂。

如果出现大量过期的杂粮干货，可以重新回顾自己平日的购买习惯，反思自己是否有生存焦虑，总是担心未来会发生什么不好的事情，学会调整自己的消极情绪。

3.3.4 调味品

第四类调味品，油盐酱醋及各类酱料都属于这一类。

调味品几乎每天都会使用，但基本每个家庭都有过期的调味品。

看看你家调味品的日期吧。

3.3.5 清洁用品

第五类清洁用品，洗洁精、油污清洁剂、果蔬清洗剂、小苏打、抹布、百洁布等物品，统一都可归为此类。这五大类以外的物品，可以都归为其他类，最后处理。

对于过期或者放置过久、已经空瓶的清洁剂，可以选择舍弃掉。

如果你的厨房有各种各样的清洁用品，说明你对于食品安全和厨房卫生有非常严格的标准。但是过犹不及，如果食品安全已经影响到你对食物的评判，那么你需要停下来仔细思考，是什么原因导致的这种行为。例如，有的人是因为看到过蔬果有农药残留的新闻，有的人是因为对虫卵的恐惧，有的人是因为见到或听到过周围人食物中毒的消息……每个人对食品安全产生担忧的原因不同，你需要找到自己担心食物卫生问题的起因，才能有可能缓解"害怕吃坏肚子而影响健康"的想法，从而减少对清洁用品的依赖。

▼ 3.4 舍弃多余物品，让厨房能够"呼吸"

3.4.1 囤积的生活物品反映的三种自我关系

前面两章讲解了夫妻关系和亲子关系的问题，事实上，夫妻关系和亲子关系容易出现问题的很大一部分原因是自我关系有问题。如果你不了解自己、经常焦虑和暴躁，那你在伴侣和孩子面前的形象不会具有权威性。

厨房和卫生间是人们最容易忽略的能够认识自己的空间，因为这两个区域需要经常购买生活用品，而透过人们囤积的生活用品，就可以看出自己和自己的关系。

根据物品囤积的类型和数量，自我关系可以分成三种类型：迷恋过去型、逃避现在型、担忧未来型。

1. 迷恋过去型

当现实总是不如意的时候，人就容易沉迷于过往的辉煌时刻。

迷恋过去型的人会花大量的时间沉浸在过往的美好时刻里，同时抱怨现在的不满。

面对整理，这类人想到最多的就是："我以前怎样……我曾经怎样……绝对不能把代表过去荣誉和辉煌的物品扔掉。"

事实上，破除这类人迷障的最好方法就是让他们记起"曾经美好时刻的痛苦一面"。比如很多人会怀念高考时的专注和奋斗，觉得大学时光很无聊，怎么都提不起干劲儿来，但只要翻开高考时的日记和聊天记录，就会发现那时候最希望的就是高考赶紧结束，去上大学，这样才有自由，不用整天考试；比如很多上班族会怀念大学时的悠闲时光，觉得上班后就没有时间去做自己真正想做的事情，但其实翻看大学的日记或者跟大学同学聊天，就会发现大学时很期待赶紧毕业出来挣钱，这样可以实现简单的"财务自由"，不用伸手向爸妈要钱，被他们唠叨。又比如在家的时候想远离父母，在异乡工作时最想念的还是父母；比如在大公司工作时会向往小公司的自由，真到了小公司又会怀念大公司的体面和福利。

人很擅长给自己找借口，以此来逃避对生活的不满。从某种角度来看，迷恋过去型其实和逃避现在型有重合的地方。

2. 逃避现在型

逃避现在型最大的特点就是拖延症。一件事情明明知道应该做但会一直拖着，刷手机、出去聚会，找各种事情填满自己的生活，就是不去做那件重要的事情。

整理案例示例

案例

　　我们进入客户 U 家的时候，这个半人高的大熊就这样被扔在地上（如上图所示）。熊上面有肉眼可见的污渍，U 说是女儿要玩的，不能扔，便把熊捡起来放在了沙发上。

　　整理完之后，U 直接把这个熊给扔掉了。所以可见这个熊并不是女儿想留下来的，而是她自己想要留下来，舍不得扔掉，所以找借口说是女儿想要。

　　这也可以看出，当她自己想要保留某些东西的时候，会把借口归结到女儿身上。那么，当她去做一件事情有阻碍时，她也会习惯把责任推到别人身上，然后一直拖下去。眼不见为净，看不到，就不用做出改变了。

逃避现在型客户会花大量的时间来拖延，面对整理，想到最多的就是："以后有时间再弄吧……我现在没时间……我现在太忙了。"

现代职场人很容易患一种职场病——隐形拖延症，凡事拖到最后一刻才完成。这样仿佛可以显得自己很忙，并且解决问题的能力突出。

大部分职场人都觉得自己很忙，但如果你细问他们在忙什么，他们可能也回答不上来。我猜测他们花了很大一部分时间和精力在情绪内耗上，焦虑、自行脑补事情失败时的恐惧场面、吐槽公司的制度和文化，或者转移注意力，比如在公司的时候会担心家里的宠物不吃饭，放假会被父母催婚，周末和朋友聚会时穿什么，等等。可能真正完成一件事情的时间只需要 2 个小时，剩下的 6 个小时全部被浪费在了情绪内耗和不重要的小事情上。

3. 担忧未来型

担忧未来型的人最大的特点就是囤积日用品，比如卫生纸、卫生棉、洗手液、清洁剂、柴米油盐，害怕以后想用的时候没有了。

普通人也会囤一些日用品备用，但是担忧未来型的人会囤积未来两三年甚至五年、十年的量，严重占据家里的储藏空间。

卫生间不合理收纳示例

案例

　　客户 V 家两个卫生间的盥洗台下都是这样的（如上图所示），深度 50 厘米、高度 1 米左右的台盆下，塞满了卫生纸和各类清洁用品。

　　整理快结束的时候，因为还有多余的时间，V 让我们顺带整理一下储藏间。一个不到 3 平方米的储藏间里，都是成箱的酱油、面粉、清洁剂等。她说每次都是一箱一箱地买，买回来就直接堆在储物间，其实并不知道家里还有没有存货、存货有多少，只是担心要用的时候没有。

　　担忧未来型的人会花大量的时间和金钱应对未来可能存在的风险。面对整理，他们想到最多的就是："这个以后可能会穿、以后可能会用到，还是别扔了吧。"

解决这类问题的关键，在于要把"我害怕以后……"变为"我有能力解决生活中遇到的任何问题"，告诉自己：我确实有能量、也有能力解决问题。向内找力量，而不是向外依靠物品，否则你会被数量庞大的物品吞噬掉。

那么，你是哪一种类型呢？

3.4.2　过期的食物一律扔掉

厨房物品舍弃最多、最快的部分是食品类，几乎每个家庭都有过期的食品，人口越多的家庭过期食物和药品也越多。

食品放到过期，不外乎以下几种原因：

一是太忙，没有时间吃。这种情况你可以根据自己家庭的消耗量，合理购买食品。

二是东西太多，吃不过来。可以根据食物的消耗量计算食用时间，理性购买。比如孩子习惯每天喝 1 瓶牛奶，一箱牛奶 24 瓶可以喝接近 1 个月的时间，那么没有必要一次购买 5 箱牛奶囤在家里，以免孩子换了口味或者因某种原因不在家居住导致牛奶过剩。

三是收纳不合理。需要的时候总是找不到，所以又额外购买相同的食物，所以很多食物在不知不觉中过期了。这种情况我们就需要重新整理厨房收纳空间。

3.4.3　只留下家中人口数量的餐具和调味品

很多人不愿意舍弃锅具和碗盘，担心某天会在家里招待客人。这时，你只需要反问自己：家里请客吃饭的频率是多久一次？每次会来多少人？留下多少碗碟是足够的？

调味品也是如此，不要因为大罐比小罐的调料划算，而购买大罐调料，除非是每天都能用到的调料，否则调料过期后丢弃反而更不划算。

在进行厨房整理分类时，我们大致讲了舍弃的标准。需要注意的是：尽量让物品的主人参与其中，厨房里的东西有些可能是父母买的，有些是配偶、孩子买的，扔掉这些东西时，即使是过期产品，也应该询问他们的意见，表示尊重。

3.4.4　学员故事：把生活变得混乱不堪，是对自己的一种惩罚

有些人想用混乱惩罚别人，但同时，也惩罚了自己。

案例

客户小玉有两个儿子，老公事业成功，自己也是职场文员，工作还算清闲。我遇到小玉的时候，她经常跟老公吵架，因为老公经常回家晚，她怀疑老公有外遇，时常情绪崩溃。

去她家做整理时，一进门就闻到一股刺鼻的霉味。换了鞋过玄关，我一眼就被小玉家乱糟糟的厨房吸引了全部注意力。

开放式厨房的所有台面上都堆满了东西，各种零食、食材、小朋友的玩具、宣传单等，水槽里堆了满满一堆待洗的餐盘，冰箱里塞满了各种塑料袋和饮料，大部分食物已经过期了。

小玉企图将我的注意力转移到卧室和儿童房，她一直在说老公和孩子不收拾房间，让她很苦恼。当时，我坚持要先整理厨房，并告诉她，先整理厨房会更快发生奇迹。

我首先打开厨房和客厅所有的窗户，让新鲜空气涌进屋内，窗外鸟儿的鸣叫声传了进来，小玉也打开音响播放了自己喜欢的钢琴曲。厨房整理正式开始动工了。

跟平时的整理步骤不一样，这一次我主要做的就是陪着小玉"扔垃圾"。我将垃圾袋展开，告诉小玉如何取舍物品，她几乎瞬间就进入了状态，疯狂地扔那些过期的食材、零食、压在模具上的书籍报纸等，整理到一半，她开始大哭，跟我说她和老公刚认识时候的事情。

小玉和老公是大学同学，当时一起考研，然后在上海安家。生了二宝之后，她渐渐把重心放在生活上，老公的事业也稳定上升。可是后来渐渐地，两个人之间的矛盾越来越多，老公回家越来越晚，二人感情越来越淡，孩子们也越来越不爱说话，放学后都只躲在房间里玩。

哭着哭着，小玉从很多物品底下抽出了一本书，那是一本封页已经发黄的菜谱，是怀二宝时小玉跟老公去书店买的，当时两个人特别想多花些时间在家庭上，准备一起下厨做饭。之后，小玉开始越来越喜欢做饭，可是她发现丈夫和孩子们把她的劳动成果视为理所当然，而且每次都是她一个人在厨房忙碌，丈夫从来不帮忙，回家就倒在沙发上喊累。起初小玉很体贴丈夫，一个人承担了所有家务，可是后来她越来越受不了自己像保姆一样伺候丈夫和儿子，所以她开始囤积很多东西，企图把厨房埋起来。

我建议小玉给老公打个电话，告诉他自己此时的感受和想法。两人通话了接近 1 个小时，小玉的老公还提前下班回家陪着小玉一起整理。那一天，我们一起扔掉了厨房大概 60% 的垃圾，并且把碗筷洗干净，台面擦得亮晶晶。晚上，小玉主动下厨做饭，她老公在旁打下手。

后来小玉反馈说，整理完之后，老公总是准时回家，跟她一起做饭，一家人在客餐厅活动的时间越来越长。孩子们也不再一回家就躲进自己的卧室，大儿子还主动整理了自己的房间。

如果你也像小玉一样，家中有一处特别凌乱，也许这个地方就是你家庭矛盾激发的主要原因。

很多时候，我们把生活变得混乱不堪，其实也是对自己的一种惩罚。你企图去惩罚别人，可是时间久了，自己也变得麻木了，渐渐便不再有动力改变。

▼ 3.5 竖立收纳法，省出 3 平方米的收纳空间

经过一轮淘汰后，厨房的整理就已经搞定了一半，接下来只需要把物品收进柜子里就好。

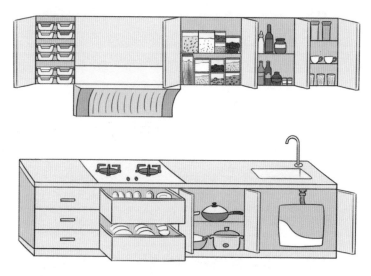

厨房橱柜的竖立收纳法

按照"上轻下重"原则，轻的物品收纳在上面的吊柜，重的物品收纳在下面的地柜，每天会用到的高频使用物品放置在台面上。

3.5.1 橱柜改造，多出 30% 的收纳空间

厨房最好用的收纳工具，首推就是设计合理的橱柜。

跟衣柜、鞋柜一样，厨房的橱柜如果设计不合理，就会造成大量

设计合理的厨房橱柜示例

的空间浪费。如果适当地增加层板数量，其实可以减少购买很多收纳用品，原本购买收纳产品就是为了弥补不合理橱柜设计造成的使用不便，增加几块层板相当于省下不少购买收纳用品的钱，而且拿取会更方便。

橱柜改造的方法：

①先在纸上画出橱柜的草图，确定需要添加的层板数量；

②测量需要添加层板处的尺寸，标注清楚；

③购买层板和零部件，进行安装。

3.5.2　收纳用品的三个选择标准

厨房用品一般多且杂，所以是最需要使用收纳用品的地方。在讲厨房收纳用品之前，我想先跟大家聊聊收纳用品的选择标准。

一、统一颜色。色彩太多容易造成视觉杂乱。

二、统一形状，方形优先。方形的收纳用品比圆形收纳用品对空间的利用率更高。

三、统一尺寸。统一尺寸的好处是，如果收纳用品想要叠加，可以很容易实现。而且某一处的收纳用品损坏，可以随时从其他地方临时抽调，或者立刻去商场购买相同尺寸的收纳用品。

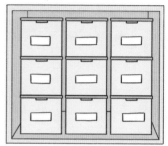

尺寸各异的收纳用品（左）VS 统一形状尺寸的收纳用品（右）

以上三个标准还有一个好处就是：方便管理和使用收纳用品。如果用各种不同尺寸和形状的收纳用品，挑选就会很困难。

另外，不要为了购买而购买。家中明明不需要那么多收纳用品，但为了视觉好看或者补齐空余的收纳空间，就买很多收纳用品回家，是很不明智的。你可以利用自己的创造力，用装饰品填补，或者空在哪里，让空间有更多留白。

3.5.3 上方吊柜的收纳

吊柜一般用来收纳较轻的物品，比如杂粮干货、零食、调味料辅料、杯子等。吊柜可选择以下收纳用品。

1. 带把手的塑料收纳箱

这种收纳箱主要用于橱柜上方的层板收纳。因为橱柜上方高度比较高，很多时候我们踮着脚也看不到里面收纳了什么物品，用带把手的收纳箱取用方便。大家可以选择透明带手柄的收纳盒（如下图所示），能够清楚看到盒子里装的物品。这种收纳盒因为带有盖子，密封性很好，所以也可以用来收纳干货瓜果，也可以用于冰箱收纳。

随意存放，拿取不便

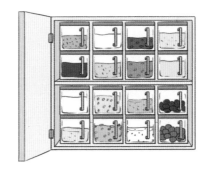

利用收纳盒整理，整齐美观

2. 干粮收纳盒

上面的塑料收纳箱因为体积比较大，适合收纳量多的干货。而干粮收纳盒的容量有多种选择，可以收纳各种干料和食材，而且密封性好，食物不容易受潮。

干粮收纳盒一般分为圆形和方形，大家尽量选择方形的收纳盒，并排收纳比较节省空间。另外，最好选择透明的收纳盒，能够一眼看见里面储存的食材。

3. 玻璃保鲜盒

尽量选择可以高温加热的玻璃制品。便于清洗的同时，还能盛放剩饭剩菜，也可以直接加热饭菜，还可以装洗好的水果蔬菜或者处理过的肉类，非常方便。

同上，大家也尽量选择方形的玻璃保鲜盒。

3.5.4　中间台面和墙面的收纳

中间台面和墙面主要收纳高频率使用的物品，比如菜刀砧板、常用调味品、锅盖、勺子等。

这个区域的物品收纳，可以遵循以下要点：物品上墙，空出台面。

1. 壁挂式置物架

建议大家尽量购买打孔式置物架，免打孔、粘贴在墙上的置物架不宜放置重物，而且时间久了容易脱落。

这种用螺丝钉在墙上的置物架可以收纳常用的碗筷、砧板、刀具、锅铲、勺子、调味品等，收纳功能十分强大。这样既减少了打开碗柜的动作，也不用弯腰或者踮脚，而且物品都上墙，不会占用操作台的

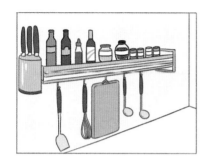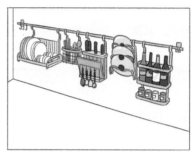

壁挂式置物架使用示例

位置，可以留下足够的操作区，非常方便。

　　另外，物品放在墙面或台面上，能省下不少的橱柜收纳空间，柜外通风好，也不易滋生细菌。

　　购买置物架时，可以同时购买配套的砧板刀架、筷笼架、锅盖架、调料架，如果家里没有碗筷拉篮，也可以购买碗碟架。这个是超级推荐给大家使用的收纳产品。

　　但也要注意，不要把墙面收纳得过满，影响视觉美观。收纳是为了方便拿取物品，而不是囤积物品。

2. 台面置物架

　　如果厨房空间不适合安装壁挂式置物架，也可以选择这种台面置物架（如下图所示），将调味品和厨具统一收纳，尽量多地利用上层空间，不占用过多的厨房台面。

　　普通家庭的调味品数量并不需要太多，使用一个置物架收纳下所有的调味品是最合理的。要避免因囤积过多导致调味品过期。

台面置物架使用示例

3.5.5　下方地柜的收纳

下方地柜主要用于收纳重的物品，比如各类锅、餐盘、米油面等。

落地式置物架是不得已时才建议大家购买。如果家中厨房面积小，橱柜容量小，厨房物品又比较多，即使改造之后还是放不下，近期又不会重新装修或更换住宅，可以购买一个置物架（如下图所示），创造额外的收纳空间。

但希望大家还是尽量先充分利用厨房橱柜的收纳空间。置物架虽然能够额外多出很多收纳空间，但也容易让我们囤积物品，所以要慎重考虑之后再决定是否购买。

如果决定购买，尽量购买质量好一点的置物架。有些便宜的置物架容易摇晃，使用感很差，还没有安全保障，家里有孩子的话容易发生危险。

落地式置物架使用示例

3.5.6 一个动作就能取出物品

很多人是收纳用品的爱好者，喜欢买各种收纳用品回家，为了美观却导致物品取用特别不方便。其实，一个动作就能取出物品，才是厨房收纳的理想状态。在厨房空间有限的情况下，尽量在空间里装自己最喜欢、最常用的东西，给自己营造一个被心动物品包围的能量场做饭，会更容易体会到幸福，而且还能在无形中增加做饭的效率，因为找物品和拿取物品的时间变少了。

收纳厨房小件物品，比如刀叉筷子、调料干货时，可以用家里的盒子分隔开，能够竖起来收纳的物品，尽量竖立收纳，方便拿取。

3.5.7　贴上标签，一目了然

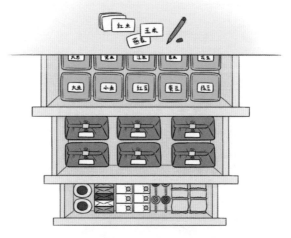

收纳物品时贴上标签

物品整理完之后，可以贴上标签，便于家里人自己寻找需要的物品，不必每次都询问。

孩子的零食放在孩子自己能够拿到的地方，老人的物品尽量放在不需要弯腰的地方。

当家人能够很自在地享用空间时，心情就会变好，家里的能量场也会逐渐变好，风水、财运自然而然也会越来越好。

物品减少的空间更容易保持干净，这时可以适当地装饰厨房，比如升级经常使用的物品，或者买来绿植装点，让细节体现你的生活品位。

还是那句话，不要企图一下子将家里整理好，觉得累的时候就停下来歇息，等有精力了再继续行动就好。整理的目的是让生活更幸福，如果觉得心情不好，那就停下来吧，不要给自己太大压力。

▼ 3.6 尊重老人的生活习惯，跟婆媳矛盾说"再见"

在厨房整理中，婆婆和儿媳之间最容易发生矛盾。年轻人一般不喜欢用塑料产品，但老人家习惯使用便宜的东西，觉得用坏了也不心疼。这个时候双方就需要标注界限，谁都不要插手对方的生活。

另外，很多老人家喜欢囤积空瓶子和塑料袋，如果你在整理厨房时私自扔掉了他们的物品，一定会引发家庭战争。有些老人甚至会直接翻脸，跑到垃圾桶里把自己的东西捡回来，然后开始冷战。原本我们整理家就是为了让生活变得更幸福，如果因为扔物品这种事情导致家庭氛围急剧下降，实在是得不偿失。

你可以把这些东西用收纳盒收起来，最好放在原位，尝试着跟老人沟通，是否能换一个位置。或者和家里老人一起整理厨房，老人有了参与感，可能也会觉得厨房东西太多，说不定会主动淘汰物品呢。

1. 尊重老人的生活习惯

整理过程中，请把尊重家人放在第一位，整理放在第二位。

我有一些出生于 1930~1950 年的老年人客户，这些老人在他们的童年时期几乎都经历过饥荒、战争、动乱等，很长时间都是居无定所、家徒四壁。改革开放后经济开始复苏，虽然他们的生活条件逐渐改善，但因为壮年时期经历了诸多坎坷，所以他们需要不断地在变动的生活中求生存，对于他们来说，最好的办法是什么都不要去尝试。

但这种情况下，他们的原生家庭和成长经历带来的身心创伤久久不能磨灭。

案例

客户 W 家的经济条件并不是不好，只是 W 的母亲喜欢用塑料盒装干粮，用的篮子也都是超市赠品，质量比超市卖的塑料篮子要差很多。因为客户夫妻两个不做饭，厨房是母亲管，所以尽管 W 并不喜欢老人用这种劣质产品，他也没有说话。虽然家里的生活质量并没有随着他们的经济水平和社会地位一起提升，但他觉得自己努力工作就是希望家人开心，不希望老人不开心。这便是尊重吧。

帮父母整理之前，一定要先听听父母的想法，他们节俭了一生，习惯了被物品塞满的房间，这让他们很有安全感。当父母执意要保留某件你觉得是"垃圾"的物品时，可以静下来仔细聆听物品背后的故事，父母一吐心声后，说不定就会自己开始整理物品了。

当客户邀请我去给他们的父母整理房间时，我通常会反问他们："你们父母同意请整理师上门了吗？"

我知道很多客户是出于好意，希望父母在干净宽敞的房间里安享晚年，但其实父母最需要的是子女的理解和陪伴。

当客户强行替父母整理房间时，战争就爆发了，所有曾经积攒的矛盾、委屈、愤怒会瞬间开闸，在这一刻全面泄洪，让双方都溺水。

随着年纪的增长、体力的衰退，很多老人对生活的掌控感越来越差。如果强行替父母整理房间，会让老人觉得自己没用、被嫌弃，他们会以为自己的孩子嫌自己连房间都不会打理。如果你真心希望父母能居住在舒适环境下，就先整理好自己的房间，让自己过得越来越幸福，父母才会在你的影响下开始改变。

2. 用合适的方式跟父母沟通

我发现身边的很多家庭都是靠吼叫、争吵、发脾气的方式沟通，最后的结果可想而知。倾听父母的声音后，你就能够理解父母为什么宁愿住在充满杂物的空间里。

这时候你可以真诚地表露你对他们的关心和担忧，让父母理解这样的空间对自己的困扰，或许是家里太乱导致小孩儿不想回来探望爷爷奶奶，或许是家里的环境让你觉得压抑不舒服，或许是这样的环境在影响他们的身体健康，或许是杂物太多，不适合行动不便的长辈，等等。真诚地沟通后，很多问题往往就会迎刃而解。

3. 鼓励长辈使用新物品

很多老人家习惯先把旧的物品用坏之后再用新的、贵的物品，但往往总会有旧物品在等待使用。

你可以在新年、搬家、生日等这种有仪式感的时刻，让父母拆开一套全新的床上用品、厨房碗具、新衣服等，让他们意识到家中确实有太多物品没有使用，他们才能意识到需要减少物品的数量。或者把新的物品全部摆放出来，让他们意识到，这些物品可以一直使用很长时间，老人家或许能够放下执念。

案例

学员 M 跟我说了一个很有趣的方法：她外公外婆都 80 多岁了，一生简朴，儿女、孙女买的新衣、新家电总舍不得用。所以 M 就经常回去陪老人，老人家为了孙女能够吃好住好，就学着使用新家电。M 还经常带着外公外婆去城里拜访亲戚，所以每次都撺掇老人穿新衣服，时间久了，两位老人自己在家也会享受生活了。

这种近身陪伴是一种很棒的方式。老人最害怕的就是被晚辈嫌弃，所以固执地不去接触新东西，但是如果我们能够耐心地教他们，或者仅仅是静静地陪伴、包容，他们也会变得开放。

整理作为一种心理疗法，除了因为整理物品能使居住空间变干净，在视觉上更舒适外，还因为在整理的过程中，我们从心底燃起了对生活新的希望和畅想。所以，希望大家能够愉悦地完成整理。

第 **4** 章

书房整理，跟焦虑
说再见

清空书架的时候，
将自己归零，
把让自己焦虑的事情都写在纸上。
书房整理完毕后，
再回过头来看写在纸上的焦虑，
你会发现其实有许多"伪焦虑"。

　　书房是我最喜欢整理的区域，因为我自己也很爱看书。可是上门整理的过程中，我发现很多客户家的书架都是摆设，上面摆满了"别人觉得应该看的书""自己觉得应该看的书"，但是却忘记了自己看书最原始的目的是什么。

　　中国的图书价格并不贵，绝大部分家庭都负担得起，所以很多人买书从不看价格。但也是因为书太便宜，又代表着知识和智慧，所以很多人会通过书籍来伪装自己，就如同漂亮的衣服能够让人外表看起来更漂亮，满满一架子的书仿佛能够让人觉得自己更有内涵。但这些"伪装"很容易将主人反噬，因为这些物品无时无刻不在透露出讯息——你觉得自己不够好，要努力变得更好。

　　在这样的能量场中生活，又怎么可能安于当下、听清内心的真实声音呢？

　　很多家庭还会把书籍搬进卧室，想要养成自己或者孩子睡前读书的习惯，日积月累，床头柜上堆满了书籍。更有甚者，直接把书架搬进了卧室。如果你没有把阅读当作和呼吸一样寻常的事，这样只会严重影响你的睡眠质量，因为连入睡前的静心都做不到。

其实，书房作为第二个工作和学习的区域，直接关系到主人的学习、工作效率，间接影响一个家庭的财务状况和家庭关系。

成人书房杂乱，通常代表一个人的学习效率低下、工作压力大。现在的职场人士除了本职工作技能的提升外，还需要额外学习许多软技能，比如与人沟通、时间管理、情绪管理、演讲能力，等等。所以很多人除了休闲阅读书籍，也会有许多工具书，也会有因为营销跟风购买的一系列畅销书。久而久之，书房的书架上堆放地乱七八糟，而且很多书买回来就搁在书架上，再也没有翻开过。

这些"打算以后有时间看"的书会无时无刻不在散发着焦虑信息，导致主人一进书房，在书桌前坐下，就会被各种事物分散注意力。跟大家描述一个客户反馈给我的真实场景。

案例

下班后，我刚在书房坐下，准备处理公司的问题，看到书架上的稻盛和夫的《干法》，想到最近没时间看书，不如趁现在看几页吧。

刚翻开书，看了几句话，想起最近修行落下很多，决定把"体察当下"放进日程里，便翻开手账本；结果看到手账日程上下周三有一个饭局，饭局里有一位特别想结交的客户，想起自己还没有提前准备好那位客户的资料，便有打开手机准备让同事发一份简介过来。可是手机刚连上网，头条发来消息告诉我，我关注的大咖推送新消息了，标题取得非常吸引人，我忍不住点开看，看到一半觉得很有道理，然后陆续点开其他推送的消息一一浏览。最后两个小时过去了，该睡觉了，我才发现最开始想做的那就事情已经不记得了……

这个场景应该是很多人都会经历的吧。因为工作桌混乱，书架上琳琅满目的待看书籍太多，导致不管干什么都觉得特别焦虑，这就是因为人的欲望大于能力，想学习的东西太多，可是时间和精力有限，最后什么都没做好。这也从侧面反映出主人对于当下的自己没有清醒的认识，不明确此时此刻他最重要的任务是什么。

一个清爽高效的书房，能够提升一个人 50%~500% 的工作效率，减少 30%~80% 的焦虑。所以如果你的家人每天都过得很焦虑，你可以帮助 TA 整理书房。

书房整理主要分为 3 个大部分：

> 书架整理：所有书籍和纸质资料的整理；

> 书桌整理：桌面和电子产品的整理；

> 手机整理：虚拟空间整理。

书房整理难度不算大，一般书柜都不需要改造。但整理难点在于书多、纸质资料多，搬来搬去特别消耗体力。有些小伙伴喜欢在书房展示很多收藏品，价格贵重，整理过程中需要格外小心，比较费神。

我们还是按照"整理黄金 5 步法"来整理书房的各个部分。

▼ 4.1　清空书架，身份归零

首先，清空书柜——把书柜里面的所有东西都拿出来，按照纸制品和收藏品分类堆放。然后用干净的抹布清洁书柜内部。如果书房物品特别多，可以把书桌先移到墙边，空出大块地板的位置，方便后续分类。

清空书柜这个行为意味着什么呢？

意味着"归零"。

在你拿着抹布，一点点把空荡荡的书柜里的灰尘擦拭干净的时候，可以尝试放空大脑：不管你现在是什么职业，位于哪座城市，在社会

身份归零

担任什么角色，都把自己归零，把自己变成一个"空壳儿"。

很多人觉得焦虑，是因为身上的担子太重，压力太大，有很多责任。但大部分压力其实是因为你觉得自己要承担某一个责任而产生的，并不是去承担这个责任产生的。

比如作为子女要承担赡养父母的责任，一想到未来的医药费、安置费等一大批费用，就会觉得很有压力。但这些压力是你以此时此刻自己的能力和条件去想象十几年之后你需要承担的责任，会焦虑很正常。未来父母的赡养费需要你以 80 分的能力去承担，但此刻你的能力只有 60 分，人肯定会焦虑的，但其实未来需要你赡养父母的时候，也许你的能力已经有 90 分甚至 120 分了，未来的你完全有能力赡养父母，所以现在完全不必焦虑。另外，很多人容易钻进死胡同，以为养老必须花费很多钱，但其实我们利用自己的创意或者多花费一些时间和精力，根本不需要太多的金钱消费。比如多陪伴父母，减少父母的情绪内耗，让父母每天都高高兴兴的，身体自然会很棒。

清空书架的时候，同时把自己归零，可以把让你焦虑的事情都写在纸上，无论大小，只要是让你产生压力的事情，都写下来。把焦虑暂时存放在纸上，整理的速度会快很多。书房整理完毕后，再回过头来看写在纸上的焦虑，你会发现其实有许多"伪焦虑"。

我会在接下来的步骤里，教大家如何在整理书籍的同时，整理自己的焦虑。

书房因为物品类别比较多、比较杂，所以我们按照先大后小的顺序整理。书房物品可以分为书籍、文件资料、书桌文具、纪念品、陈列品 5 大类。

▼　4.2　书籍分类，更深入地看见"焦虑"

4.2.1　书籍分类方式

这一节我们主要讨论书籍的分类，其他类别——文件资料、书桌文具、纪念品、陈列品的分类可以参考书籍分类。

下面有两种不同的书籍分类方式，你可以根据自己的喜好选择分类方式。

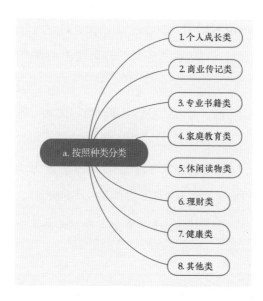

按照书籍种类进行分类整理

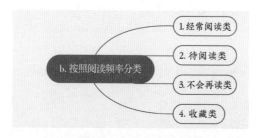

按照阅读频率进行书籍分类

4.2.2 书籍分类反映的阅读偏好和当前困境

分类完成后，你的面前会出现一座座"书山"。最高最大的"书山"，就是你购买最多的书籍类型。

分类完毕后，就可以直观地看到你或伴侣的阅读偏好及当前困境。

如果个人成长类最多，可以反思：你是否总是对自己不满意？是否一直在学习的道路上奋发前行，却得不到想要的答案？

如果商业传记类和理财类最多，可以反思：你是否对金钱有很大的焦虑？或者你是否企图通过金钱证明自己的价值？是否经常因为金钱忽略家人或者自己的感受？

如果专业书籍类最多，可以反思：自己的工作是否很有压力？追求专业的提升是为了证明自己还是因为热爱？对目前生活最大的烦恼是什么？

如果家庭教育类最多，可以反思：你对孩子最大的期待是什么？你跟孩子最大的矛盾是什么？你对自己的原生家庭最大的遗憾是什么？要求孩子做到的事情自己能做到哪些？是否经常对孩子或者自己太过严苛？

如果休闲读物类最多，可以反思：自己喜欢的生活方式和现在的生活是否一致？是否经常觉得生活太无聊？

如果健康类最多，可以反思：为什么你对健康这么在意？周围人的健康问题是否会困扰到你？你最害怕的疾病是什么？

看到这里，大家会发现我有很多问句，可以好好对照自己的情况思考这些问题，因为这些问题都是我去做上门整理的过程中根据客户的情况经常问到的问题，而这些问题是击破生活假象的重要一剑。绝大部分人会表面上非常努力地生存，但是大部分问题其实都是我们自己给自己的设限，或者说用假想的问题来吓自己，因为大部分人没办法过很安稳的生活。不信你可以回忆自己的过往，是否经常会给自己找麻烦，不是生病就是离职，又或者是孩子不听话或老公外遇，等等，然后印证了"人生不如意十之八九"这句话。其实很多事都是自己的潜意识吸引来的，因为没办法过安定的生活。

4.2.3　通过书籍阅读频率分类，察觉现状

如果你的书柜中收藏类的书最多，可以反问自己，为什么要收藏这些书？是出于想要跟别人炫耀自己藏书多的心理，还是真的因为自己很爱书？

如果经常阅读类的书最多，可能表明你是一个把阅读当作呼吸一样习惯的人，同时也要反思自己，阅读的目的是向人展示自己的博学，还是为了个人的精进和修炼而阅读？也要警惕自己太过依赖书籍，"尽信书，不如无书。"另外，可以思考自己每日的阅读时长，反思自己是否通过阅读逃避现实。

如果待阅读类的书最多，可以反思自己的购书目的：是需要解决的问题太多，还是被商业销售洗脑的非理性购买？是因为最近需要攻克的难题太复杂，还是因为自己非理性设置的目标过于虚浮？是因为想要塑

造自己"智慧、知性、高雅"的外在形象，还是因为自己对求知的单纯享受?

待阅读类的书最多表示主人存在明显的知识焦虑，亟待整理。而如果不会再读类的书最多，可以反思自己过去是否给自己太大的压力，并且这种压力延续到现在的新身份上。我发现特别多的女性会对自己的要求很高，既要做好妈妈、好妻子、好女儿，还要做好员工、好上司，所以需要承担的责任和学习的知识非常多，会焦虑是必然的，而女性的焦虑会直接影响夫妻关系和亲子关系。

案例

客户 X 在书房书籍整理的过程中，几乎是无师自通地扔掉了"如何成为好妈妈、好妻子"一类的书籍、各类心灵鸡汤的励志类书籍、教育孩子的书籍，这些都是她曾经加在自己身上的压力——必须成为一位好妻子、好妈妈，而这些压力也能侧面反映出她和她的原生家庭之间的关系——X 的母亲对她的影响如此强烈，是时候对母亲说"NO"了。

X 疗愈自己与原生家庭之间的关系的方法是——接受大女儿。X 曾因为大女儿的学习烦恼不已，甚至带孩子去看医生，希望能治好孩子的多动症，这其实是 X 潜意识里对自己母亲的反抗——将母亲对她施加的压力转移到女儿身上，从"受害者"变成"施暴者"。

当扔掉了 150 公斤的书籍之后，X 也扔掉了她给自己设立的标签——完美妻子、完美妈妈，以及无形之中形成的最重要的标签"完美女儿"。父母总是容易将儿时的自己投射到孩子身上，当 X 接纳了不完美的大女儿时，其实也接纳了不完美的自己——在母亲眼中不完美的女儿。

X 在整理时曾发了一条朋友圈："3 天高强度的整理工作，首选就是书房，也是全家整理难度最大的一个地方，因为这么些年搬了那么多次的家，书是我唯一舍不得随意丢弃的。

可是当我扔掉那些我屯了好多年的"如何读懂你的孩子、如何做好妈妈"一类的书时，突然发现自己轻松了很多。整理师说这是因为我扔掉了自己加到自己的肩上的做一个完美母亲的压力！同样的，大宝在清理她不要的书籍时，也同时卸下了她的压力。

当然还有那些所谓的鸡汤类的书籍，清理起来也是非常的爽。因为我的成长经历已经告诉我，我早就不需要这些鸡汤了！非常后悔之前为什么要去读这些鸡汤，而且可能是有毒的鸡汤！有些书不读也罢！"

3 天的全屋整理结束后，X 陆续去报名了插花课和瑜伽班，她决定以后把时间和精力都放在自己身上，"更好地成为自己"比"成为更好的自己"重要得多。

另外，不会再读类的书跟不会再穿的衣服暗示的意义其实类似——我们可能很久没有整理过去了。我们的身份、经济水平、社会地位等都在 360 度的改变，如果还在用 5 年前、10 年前的标准来过现在的生活，无疑会多出很多矛盾，比如用单身的状态经营感情、以女儿的身份养育孩子、以职场新人的身份管理团队……

物品跟细胞一样，需要及时"新陈代谢"，才能跟上主人的需求。

4.2.4　书房物品映射出三种社会焦虑

在阅读下面内容之前，希望你能暂停一下，仔细思考一个问题：你一般会有什么样的焦虑呢？每个人所处的年龄段、职业、生活环境都不同，所以焦虑的点也会不一样。先好好思考一下自己在焦虑什么，才能更有效地解决焦虑。

我在上门整理的过程中，经常遇到各种不同类型的焦虑的客户，我把这些焦虑归纳总结为 3 种类型：外貌焦虑、知识焦虑、生存焦虑。

1. 外貌焦虑

大部分女性的外貌焦虑来源于外表，大部分男性的外貌焦虑来源于事业。所以想检测自己是否有外貌焦虑的话，女性可以打开衣柜，男性可以进入书房。

有严重外貌焦虑的人通常有以下表现：

①物品特别多，多到自己掌控不了，给生活造成很大的负面影响；

②非常在意他人的眼光，做很多事情都是想要获得别人对自己的夸奖和崇拜。

客户 Y 的书柜

案例 1

　　这是一个 2 米的书柜，书柜上摆放的所有物品都是为了展示客户的一种身份，或者是一种品味。

　　我们当时去整理的时候，其实书柜上有 80% 的书都不适合客户 Y 现在这个阶段阅读，但是他说都要留下来，除非是那种明显没用处的零散的纸质文件。

　　Y 为什么非要把这些东西留下来呢？

　　因为他不想书柜太空，他希望别人一进入他的办公室就知道自己是一个热爱阅读、博学多识的人。他也希望通过柜子上陈列的各种证书，展示出自己努力工作、事业有成的一面。

客户 Z 的书柜

案例 2

这个两面墙的书柜，高 2 米，长度大概有 3 米左右。书架上很多书都是成套成套买的，许多包装都没有拆封。

这个书房还有一个特别有意思的地方。一般的书房考虑到隔音效果，都会安装一扇门，给自己一个封闭的空间，安心处理工作和学习。但这位客户 Z 家的书房是开放式书房，没有门，位于从客厅到主卧的走廊边上。从大门进到客厅，就能够一眼看到书房的书架。

从许多没有拆封的书籍到每排书架上 Z 的收藏品，以及书房的位置，可以看出，Z 想通过这个书架展现自己的学识和品味。

如果你买书，只是为了展示自己的文化水平，希望和人聊天时能说出"我买了这本书""我有这本书"，那么你很可能十分在意别人的眼光。

过度在意他人看法，会导致失去自我判断能力，被束缚在别人的价值观中。

你是否正在努力活成别人眼中优秀的样子？

将没用的书扔掉吧，你就是最好的存在，无须证明，活出自己，反而会更精彩。

2. 知识焦虑

如果你有许多待看书单，或者待学习清单，那么你可能有严重的知识焦虑。

作者大学宿舍的书架

案例

上图是我大学时候的宿舍照片，当时的我就属于典型的知识焦虑：基本上所有的地方都摆满了书。

我住的是 4 人寝室，但是当时寝室里只住了 3 个人，所以我一个人霸占了宿舍的两个书桌和衣柜，基本上就是图片上的样子。当时还买了一个床上书桌，上面也全部是书。

当时的我几乎每天都是和时间赛跑，给自己的压力非常大，连睡觉都觉得十分奢侈。

囤书是知识焦虑的一个典型症状，还有一种知识焦虑，从 2016 年知识付费兴起后就变得非常常见——知识付费。

你在网上购买过多少门网课？有多少是你以为工作中需要？有多少是跟你的工作完全不搭界？

你可以数数自己到底购买了多少种类型的课程，听完了多少，从中又收获了哪些知识，听完之后是否有所行动。

其实购买和自己的专业、工作，或者是未来想发展的副业有关的课程是完全可以的，但是如果你购买了大量同种类型的课程，可能就要反思一下自己是否有知识焦虑了，是不是通过花钱来购买自己的安心。

知识焦虑其实也生存焦虑的一种，都是害怕自己被社会淘汰。

3. 生存焦虑

你是否有这样的表现：家里有许多各种类型的药品，可能大半都已经过了保质期；你会买健康相关的书籍，即使当时的疾病已经好了，也不愿舍弃书籍；又或者尝试各种保健神器、养生食品。

防患于未然是一种危机意识，但是过于防患疾病的人，往往更容易生病。

囤积很多关于疾病的书和药品，真的是为了安全起见吗？

这些书无时无刻不在散发一种信息给你，就是你的身体现在很差，你可能会得很严重的疾病，你可能会死，你需要自救。

案例

案例 1：

在帮客户 b 整理书籍的时候，发现书柜上各种类型的书都有。其中有一部分是关于健康的，中医、西医，晦涩的、简单的都有，而且 b 一本也不愿意淘汰，即使是已经开始发霉了的书。这说明 b 对自己的健康非常在意，而且他很担心疾病的到来，所以买了很多健康类书籍。

案例 2：

客户 d 在办公室的资料柜里囤了很多罐的保健品，而讽刺的是，另外一个储物柜里放着 d 购买的名烟名酒，因为他经常应酬。

如上案例所指，凡事过犹不及，大家切记把握好尺度。

▼　4.3　书籍取舍，给爱留出空间

当你有很多待办事项、待阅读清单时，脑海里会思绪乱飞，高质量陪伴家人的时间就会变少。或许你会觉得自己有特意抽出时间陪孩子、伴侣和父母，但如果你是一边拿着手机、脑子里想着工作和学习，一边跟家人聊天，这种陪伴其实是低质量的，家人会觉得你心不在焉，从而产生矛盾。

书房整理能够有效减少焦虑频率和焦虑范围，因为很多焦虑其实是"伪焦虑"。现在是一个贩卖焦虑的时代，好像人不焦虑就不正常，但是当我们直面引起焦虑的物品时，就会发现很多焦虑都烟消云散了。

4.3.1　未来定位法

大家都听说过这句话："你房间的样子，就是你内在的样子。"整理教主近藤麻理惠也说过："拥有什么样的物品，等同于拥有什么样的生活态度"。

你搬进房间的每件物品，都可以映射出你的生活态度，是讲究还是将就，是朴实还是华丽，是懒还是勤快，这些从你摆放物品、挑选物品的过程中就可以看出来。

那么，我们如果把未来想成为的样子提前搬到房间里，岂不是就能提前实现人生跃迁了吗？我经常使用这个方法，亲测有效哦。

案例

2018 年，我突然有了强烈的创作欲望，想写一本小说。于是我给自己贴上了"小说家"的标签，把自己定位成小说家之后，开始整理房间。

辞职前我从事的是文案工作，因此买了大量关于文案写作和新媒体行业的畅销书，除此之外还有大学时的一些励志类书籍、学习类书籍。因为明确了我的"小说家"定位，所以我把这些书都捐掉了，在网上购买了一批文学类和写作类书籍，包括夏丏尊的《文心》、鲁迅的《朝花夕拾》，以及四大名著等文学书。我的书架上摆放的全部都是与文学有关的书籍，阅读电子书的 APP 里也是如此整理。

为了和作家的气质相符合，也避免自己禁不住诱惑出去社交，我把衣柜里关于职场的衣服都收了起来，衣柜里悬挂的都是以纯棉为主的休闲 T 恤和休闲裤。

将漂亮衣服、化妆品都收起来，关闭朋友圈，把环境打造成一位大作者的书房模样，我开始了分外煎熬的一段日子，写了大概五六十万字，签约并完结了一本言情小说，还有一部成型的犯罪心理学推理小说。

物品可能成为拖累我们的罪魁祸首，也可以成为我们跃迁路上的杠杆。思考一下：

◇　你下一阶段的人生目标是什么？

◇　要如何使用物品帮助你跃迁呢？

◇　你目前正在被哪些物品拖累？

平时给客户做整理的时候，我总是会问他们：你理想的房间和状态是怎样的？

有些人懒，答得很随意；有些人会触动很大，认真思考。如果前期认真思考这个问题，在做取舍的时候，标准就会更明确。其实做取舍的意义有两个：

一、确定扔什么。扔掉不适合、不喜欢、不需要、超出自己管理能力、与当下时间轴不匹配的物品，空出空间和时间后，才会有更多注意力集中在自己喜欢的事情上。

二、确定留什么。在整理过程中，我们会翻出大量已经被遗忘的物品，包括被遗忘的证书、书籍曾经喜欢的作品和工具，没有了过多"垃圾"的干扰，你真正想做的事、想成为的人反而更容易显现。

4.3.2　扔掉"需做清单"，撰写"不做清单"

如果你有一堆待办事项但总是完成不了，那么请重新撰写一份"不做清单"。

这是我自己在整理纸质资料的时候发现的问题：我很爱列计划，而且是很严苛的计划，表面上看起来很完美，但实际执行力差。因为我列的计划大部分不是我喜欢做的，而我喜欢做的事情也不在我的黄金时间段执行。我个人属于非常随意的人，每天的黄金时刻都不一样，所以如果列一个呆板的计划表去执行，我会非常痛苦。而以前的我"痛苦成瘾"，因为我被一个信念洗脑了——成长是痛苦的。抱着这个信念，我做了很多让自己痛苦的事情。但是现在，我发现成长也可以是一件很快乐、自然而然的事情。我认真并且快乐地去做我喜欢、想做的事情，然后不断复盘精进，结果是：所有事情完成得很棒，我也成长了很多。

所以，我现在很少做详细计划表，只是大致写一个目标，贴在墙上，旁边会贴上"不做清单"。

案例

我前一阶段的目标是"出书"，那么我会围绕着这个目标去做事情，于是自然而然地，"不做清单"就出现了：

➢ 不写非常全面详细的书；

➢ 不攻击自己的文字；

➢ 不和畅销书作者作比较；

➢ 不列写作计划表；

➢ 定稿前不旅游。

如果是以前，我会列一个很详细的计划表，精确到几月几号写多少字，结果肯定是以失败告终，然后出书计划会一拖再拖。事实上，很多想写书的人都是这样把自己搞死的。

现在，相信大家对"不做清单"有了新感悟。大家现在就可以动手列"不做清单"，比如"恋爱不做清单""事业不做清单""个人成长不做清单""运动不做清单"，等等，把所有让你觉得有压力、不舒服的事项都删掉，重新开始，轻装前行，享受旅途。

4.3.3　从舍弃的书籍中反思过去

同衣服分类的过程一样，书籍分类和取舍也是非常有效的自我认知过程。这些舍弃的书籍，其实代表着过去困扰你的问题，是让你产生焦虑和迷茫的"面具"。

我很喜欢复盘，所以对于客户扔掉的"垃圾"，我会很郑重地告诉他们："扔掉的物品反映的是你过去的行为，值得好好反思。"

比如你扔掉了很多以前看过的书，那么你可以反思自己为什么要把这么多看过的书留在身边，是想要证明自己看过很多书，还是以防哪天自己需要时会重新翻阅？

如果是想证明自己看过很多书，可以再追问自己，你是想向谁证明你很优秀吗？是爸爸妈妈还是前任，又或者某个贬低过你的人？扪心自问，你觉得自己优秀吗？要到哪种程度才算优秀？你是否觉得要变得优秀才能得到爱？你是否总是缺爱？你能否自己爱自己？能否全然接纳自己本来的样子？

如果是害怕有一天会需要，可以反思，你是否看书习惯追求数量？是否看完书并不复盘、内化为自己的知识？你是否总是会预设事情发展最坏的一面，然后自己吓自己？你是否觉得资源是有限的？你是否不信任自己的能力？你是否依赖物品带来的安全感？

舍弃的书能够反映很多问题，希望你能够花时间安静地和这些书籍待在一起，看看过去的你是如何在自己设置的泥潭中挣扎；然后感谢这些书的陪伴，现在的你已经不需要这些书的武装了，你全然地信任自己，相信自己有解决任何问题的能力。

4.3.4　物品要"用"才有价值

我发现很多人没办法舍弃书籍的最大心理障碍是：书代表着知识和智慧，我怎么可以扔掉知识和智慧呢？

如果你也有这样的困扰，或许我可以试着解答。

我个人对于物品的观念是：一切都是地球母亲的馈赠，全世界所有的生物是一体的。每个人，每个生命都拥有自己的价值，而用地球母亲的资源制作出来的产品，也具备相同的生命和价值。

物品被制造出来，就是被使用的，就像碗是用来吃饭的、书是用来传递知识和智慧的、衣服是用来蔽体和御寒的……如果你因为珍惜它们而不使用，其实最终导致了它们价值的浪费。你不会因为珍惜自己的孩子，就让他什么也不做躺在床上，同理，物品也一样，如果此时此刻你确定自己不需要这些物品，就给它们自由，让它们流转到需要的人手中。

物品要用才有价值，否则会成为放错位置的垃圾。

明确舍弃的书籍，可以用纸箱装好，捐给图书馆或者书店，或者捐赠给"飞蚂蚁"等环保平台，也可以在"闲鱼"等二手平台卖掉，按照个人的时间和精力决定即可。

▼　4.4　书籍收纳，打造减压的力量感书房

书籍可以按照不同类别分类，将自己最常阅读的书收纳至书架的黄金位置，也就是腰部到头部这个区域的高度，方便自己拿取。每一个类别收纳完毕后，可以按照书籍的高矮调整高度，让视觉效果更美观。书籍可以按照从左到右、从矮到高排列，形成一条上升的曲线，也暗示运势步步高升的意思。

当然，如果家里书籍比较少，就不用分类特别细致，直接统一收纳在一个地方就好。

▼　4.5　用完归位，书房不复乱

很多人整理失败的原因是没有养成用完归位的习惯，所以书房容易复乱。而如果你学了很好的方法但依旧焦虑，也许是因为没有很好地去执行。

知道不等于做到，从知道到做到需要刻意练习。你准备好练习管理焦虑了吗？

收纳好以后，要养成用完归位的好习惯。一般情况下，一个空间

整理好，处于这个空间中的人会自觉养成好习惯。或者你可以定期查看一下每个区域的情况，每次花 5~10 分钟稍微整理一下就能够维持很久。久而久之，家人也会养成随时归位的习惯。

不要企图一下子让家人接受你的想法和观念。整理是一个循序渐进的过程。保证自己拥有了归位的好习惯以及整理的习惯之后，再去影响家人，而不是要求家人必须怎样做。

因为家人爱你，所以他们可能为了不让你生气，按照你说的话去做，但其实这个时候整理对他们而言就成了一种负担。家是最让人放松的地方，不要让争吵和冷战充斥其中。

书房的整理难度不大，只是书比较重。如果你家书籍很多，记得及时补充能量。

另外，整理的过程中不必太追求完美，完成比完美要好。完美主义其实是拖延症的根源。

▼　4.6　不只是整理书桌，更是关心 TA 的现状

可能你会好奇，整理书桌为什么会和伴侣的现状有联系？

在回答上面问题之前，请你先回答下面这个问题：是在桌面整洁、视线里空无一物的办公桌上办公效率高，还是在一团乱麻、物品夹杂的办公桌上办公效率高？

答案毋庸置疑。

有一项调查显示，在混乱的办公桌上办公，平均每天找东西要用

掉 30 分钟，一年下来，182 小时就没了，这相当于一年中 1/12 的工作日时间。

也就是说，如果你能帮助伴侣整理好自己的办公桌，相当于你替 TA 节省出 1/12 的工作日，这个时间用来休息、陪伴家人、自我提升，都是非常划算的。

另外，心理学研究表明：空间是人内心的映射。也就是说，一个人周围的空间有多乱，证明他的内心就有多乱。

不知道你是否听说过"办公桌易怒综合征"，这种综合征的主要表现是：相对于办公桌整齐的人，桌子凌乱的人产生情绪问题的概率更大。不稳定的情绪会影响工作效率，外在混乱的环境会降低人的自控力，让人没有办法专注在该做的事情上。而且自己创造的脏乱远比别人带来的凌乱能造成更大的影响，因为这证明你没有能力控制环境。

帮助伴侣整理办公桌，也就是在帮助伴侣梳理内心，减少 TA 的焦虑和压力。这可以让 TA 更爱你。

那办公桌如何整理呢？同样是按照"黄金整理 5 步法"的步骤进行，成人的书桌整理可以参考儿童房书桌整理篇。除此之外，我想着重强调以下两点：视线黄金区，不留和工作无关的物品；区域留白，给工作做减法。

4.6.1　视线黄金区，不留和工作无关的物品

如果书桌上堆满物品，那办公和学习效率往往也会不高，因为你

的注意力总是会被分散。

　　书桌整理的重点是：我们坐在书桌正中间，看向书桌正中心，从正中心到视线余光的位置，大概是一个扇形的区域，我称之为视线黄金区。这个区域里，尽量不要放与工作无关的物品，而且工作物品越少越好。除了工作时使用的电脑、手账本、笔筒、便签纸、要处理的文件或正在看的书籍，其他物品都不要上桌。

让工作变得高效的书桌整理方式

　　比如很多女性喜欢边工作边吃东西，所以会把零食、养生茶等吃食放在书桌上。而手机、鼠标、电脑等物品其实细菌比较多，一边吃东西一边工作，就会把这些细菌带进嘴里，不利于健康的同时，还会影响办公效率，因为很可能会在吃东西时弄翻食品袋或水杯，或者手上的油渍沾到文件上等。

再比如许多人喜欢把目标、计划贴到电脑屏幕上，以此提醒自己不要忘记重要事项。但这些便签其实会大大的分散你的注意力，因为你心里总会想着还有什么重要的事情没做，如果事情没有按照自己计划中进行，就会产生焦虑。

又或者很多爱学习的小伙伴会把待看书籍放在书桌上，这些待看书籍其实跟待办事项一样，除了分散注意力之外，还会潜意识里散发焦虑——因为总是有太多待办事项要做，时间似乎总是不够用，自己似乎总是不够好，人生似乎时不时地就会感到绝望。

那么，最高效的书桌应该是怎样的呢？

书桌的正中间放置办公电脑或者正在阅读的书籍，在惯用手（大部分人都是右手）边放置手账本或者便签纸；笔筒放在手刚好能够到的地方，笔筒里面尽量不要放太多笔，否则在需要写字时还要花时间思考挑选哪一支笔写字；台灯放在惯用手的另一侧。

很多人会把家人的照片放到办公桌上，我本人没有这种习惯，因为希望办公桌上的物品尽量减少，所以连台灯都没有。如果家人能够给你很大的动力工作，可以放置一个相框在桌面上，也可以放偶像的照片激励自己。我的一个客户任职某一公司总裁，他的偶像是稻盛和夫，他最喜欢的书是《干法》，所以他把稻盛和夫拿着《干法》的照片洗出来放在了桌面上。

这里给大家提供一个我本人在使用的方法：在手账本上用不同的颜色标记不同事项。所以我会随身携带 4 色圆珠笔，代替 4 支不同颜色的中性笔，这样我就不需要笔筒了。

另外，我的惯用手是右手，所以我会在书桌的最左边放置一个书架，书架上不超过 10 本书，而且必须是我最近在看的书籍。我看书时会关闭网络，确保没有人打扰我阅读和思考。我的阅读速度是一本 10 万字的通俗读物 4 个小时就能读完，所以我会根据当日的工作时间安排阅读时间，一般会安排在早上刚起床、午睡后、运动后等大脑清醒的时间段。如果当天工作不多，我会安排 4 个小时读完一本书，如果工作很多，我会根据工作量决定读书时间。需要用到电脑的工作，比如剪辑课程视频、写文章等，我会退出微信，避免微信消息打扰，直到工作完成。

高效地完成工作和阅读，让我能够空出很多时间慢下来生活，比如饭后散步、看电影等。"没时间"其实很多时候都是推脱、拖延的借口。

4.6.2 区域留白，给工作做减法

办公桌上不放与工作无关的物品，那么我们其他的办公物品放到哪里呢？

这里我想以办公室的办公桌为例，讲解相关内容，大家可以比照办公室的办公桌，来整理自家书房的书桌。

一般的办公桌都会配置 3 个抽屉，我们可以把这些物品分成三类，常用物品、备用物品、无用品。常用品是指使用频率较高、一天需要用几次的物品，可以放在第一层抽屉，不需要弯腰就能够拿到。比如

各种办公文具，像便利贴、文件夹、燕尾夹、胶水等物品。备用品是指每周或每月用一次，如果第一个抽屉空间足够，可以放在第一层，如果空间不够，就放到第二层。第二层也可以放置个人相关物品，比如近期阅读书目、工作合同等。最下层可以放电脑包、手提包、更换的鞋子或衣服等大件物品。

抽屉中，可以用分隔盒将物品分类摆放，手机盒、礼品盒等纸盒非常适合抽屉收纳，也可以参照 1.4.4 的纸盒分割方式，自制收纳盒。

无用品可以直接扔掉。我在做整理的时候，很多客户喜欢把家中不用的东西带到公司放着，但其实家中用不到的物品，在办公室闲置的概率很大，除非是消耗品类，像食物或纸巾等。同理，在办公室的无用品，拿回家闲置的概率会更大，所以建议大家不要为了保留物品而浪费宝贵的收纳空间。

办公桌的下面，不要堆东西，平时拿的快递、纸箱、堆积的文件等物品一律清空。

桌面不要摆放太多文件，只放最紧急重要的文件。处理完的文件归档后，相关的废弃纸张就可以扔掉了。我发现大部分职场人士喜欢把文件堆在办公桌上，以此来显示自己的工作繁重、能力超群，但这只会增加自己的心理负担，给自己"待办事项很多"的错觉，并不可取。

4.6.3　电子产品，及时淘汰

几乎每个客户家都会有废弃或淘汰的电子产品，比如笔记本电脑、台式机、显示屏、手机、游戏机、耳机、Kindle 阅读器、各类型学习机、充电线等。大部分客户是因为不知道如何处理废弃的电子产品，或者觉得自己当时花高价买来的产品扔掉太可惜、卖掉太耗时，所以选择堆在抽屉最里面。

现在的品牌都有相应的回收服务或以旧换新服务，如果是因为心疼钱而选择保留不用的电子产品，既占用了宝贵的收纳空间，又阻止了这些产品重回市场的可能性，而且保留时间越久，产品越不值钱，其实损失更重。

除了电子产品，充电线也是一大问题。其实很多时候我们，都不记得某根充电线是干什么用的，但因为害怕需要使用时找不到，再加上充电线的体积小，所以会把所有的充电线都塞进抽屉里。在整理过程中，可以留下已有的电子产品的充电线，再预留一到两根备用充电线，其他的都可以舍弃掉了。

如果害怕需要使用的时候找不到，就问问自己：你害怕的这件事情多久发生一次？如果几乎不发生，你到底在害怕什么呢？如果经常发生，为什么总是需要的时候找不到？是不是自己经常丢东西？

每一件小物品背后，都隐藏着我们内心深处的恐惧和担忧。整理就是通过面对物品、处理物品，来解决内心的问题。

4.6.4　减少纸质资料，尽量实现无纸化

书房里除了书籍和笔记，其他的纸质资料，比如说明书、合同、保险、各类证书等这类型比较重要的纸质文件，可以分类后，收纳进不同的文件袋中。

案例

在为客户 e 整理书房的过程中，有一沓说明书，大大小小的家电、电子产品、玩具等说明书，e 选择全部扔掉。当时他喃喃自语："其实东西真的坏了，会在网上搜方法，实在不行的时候会请人来修，而且网上都有电子版的使用说明书，这些都不需要了。"

很多人对说明书没办法舍弃，但就如上述案例中客户的表达一样，我们也许并不需要下意识地留下所有的说明书，对于已经坏掉、扔掉的电子产品的说明书，可以直接扔掉；对于正在使用的电子产品，大家可以根据个人情况酌情处理。

我个人会把所有的说明书全部扔掉，而且家里的电子产品从来没有出现过故障。有一个喜欢灵修的客户曾给了我非常大的启发，他说："说明书就跟药品一样，越怕什么就越来什么，那些家里的物品经常出故障的人，家里的能量场肯定特别不好，他最需要修理的物品肯定是他自己。"客户的话跟我的想法不谋而合，不管是药品还是健

康类书籍，所有的"以后出问题可以用来救急"的东西，其实都是潜意识恐惧的投射，与其依赖物品获得安全感，不如修炼解决问题的技能。

除了保险和合同我会分类装在文件袋中，其他的证书、说明书、笔记等纸质资料，我都会尽量处理掉，争取做到无纸化生活。

关于笔记类的纸质资料，是整理的重点。和很多人一样，我也有随手记笔记的习惯，但是往往记完就不管了，反正本子和纸张也不占地方。这恰巧是我们需要小心的地方。我在大学期间和工作的前三年，记了大量笔记，笔记本、手账本、随手记的纸张加在一起，数量十分可观。因为这些笔记记载着我曾经的努力和学习的各类知识，所以我舍不得扔掉。直到有一天，我突然发现自己从来不看这些笔记，而且遇到问题我会直接在网上搜索答案或者询问专业人士，所以我选择丢掉大量笔记，少量确实有用的笔记在拍照扫描留存后，也扔掉了。另外，我把曾经的手账本扫描成了电子文档，然后扔掉了。因为我已经不需要向别人证明我有多努力、多优秀、多么懂得生活，我知道我很好，这就够了。

希望看到这段文字的读者，也能够大胆地扔掉各类笔记，或者将笔记的内容融入自己的脑袋，而不只是仅仅在肉体上勤快，灵魂上懒惰。

4.6.5 纪念品类，仪式封存

纪念品一般都会放在最后整理，因为这些带有回忆的物品最容易让人怀念过去，从而影响整理的进度。

照片、奖牌、奖品、手工作品、朋友送的礼物等，这些没有实质性用处但是带着大量回忆和情感的物品，我们需要慎重取舍、仪式封存。

很多父母会把孩子的手工作品都放在收纳箱里收起来，这种方式其实并不便于作品储存和回忆。我会建议大家把这些作品拍成电子照片，专门建一个文件夹储存（文件夹命名可以参考 4.7.4 内容），实物就可以舍弃掉。这样既能够永远保留孩子的作品，家里也空出了很多空间，便于孩子更好地创作。

对于奖牌、奖杯、证书等能够证明过往辉煌的物品，大部分成人习惯把它们放到架子上展示出来，但我会比较建议，除了特别重要的奖杯可以展示出来，其他的奖牌可以收起来甚至扔掉。大家是希望用这些物品提醒自己的成就及激励自己创造更好的未来，但据我观察，大部分人会被过往的辉煌束缚住，而且无法接受自己比过去失败的现实，反而容易迷失方向。

▼　4.7　手机整理，让 TA 有更多时间陪你

网络迅猛发展之后，我们便多了一个情敌——手机！

你知道你和伴侣、孩子每天花多少时间在手机上吗？

《中国社会心态研究报告》在 2015 年的调查显示，中国大学生每天用在手机上的时间长达 5 小时 17 分钟，占据除睡眠以外清醒时

间的 31%。

美国一项研究发现，当代人每星期用手机的频率高达 1 500 次，平均每天 200 多次，这 1 500 次包含了拿出手机解锁、发邮件、玩游戏等一系列任务，平均每天用在手机的时间有 3 小时 16 分钟，乘以 7 大约 23 小时，相当于一个星期里有一整天都在玩手机。

如果你经常觉得压力大、容易焦虑，每次为了排解压力，就拿出手机聊天、刷朋友圈、打开淘宝逛商品，或者刷短视频解压……你会发现手机空间总是不够用，手头的事情永远忙不完，于是报名各种时间管理和精力管理的课程，却发现没有时间听课，听完课制定计划也完不成，反而任务更多了，最后得出结论——自己这辈子就这样了，然后情绪崩溃……

若你经常遇到以上情况，说明你需要整理手机了。

手机整理可以分为以下 4 个部分：

➢ 精简 App 数量；

➢ 关闭手机通知；

➢ 微信信息整理；

➢ 照片整理。

4.7.1 精简 App 数量

1. 直接卸载半年及一年以上没用过的 App

如果把手机比作衣橱，没用的 App 就像买来不穿的衣服，除了占据宝贵的空间和内存，增加焦虑之外，基本没什么用。

2. 卸载相同类型和功能的 App，保留 1~2 个使用频率最高的

正如同款的衣服总有一两件穿的机会不多，同类型 App 也不会每个都用，而且选择太多时反而不知道用哪个。

卸载相同类型和功能的 App，好比衣橱中留下的自己最常穿的经典款，能够应付各种场合即可。

如果你手机中的常用软件超过 20 款，每天在手机上消耗的时间超过 5 个小时，可以好好反思一下自己是否在手机上花费了太多时间，是否很难静下心来完成一件事情，是不是很害怕独处，是不是害怕自己没用而被淘汰。

跟衣橱整理一样，App 整理之前你可以思考，自己想要让手机这个工具来帮助完成什么目标和愿望，主动掌控手机，而不是成为网络的奴隶。

3. 可卸载与小程序功能重复的 App

跟善于利用衣服穿搭出不同的风格一样，让一个常用的 App 发挥出最大的功能，就能够减少其他并不常用的 App 数量了。比如支付宝中含有买票小程序，便可以卸载 12306 和智行火车票等 App。微信小程序里有大众点评、美团等小程序，便可以卸载大众点评和美团 App。

删掉不需要的 App 后，可以给剩下的 App 分组：把所有的 App 都

整合到一页手机界面上，减少滑动页面和寻找 App 的时间。跟衣橱整理一样，用收纳空间控制物品数量，可以将 App 整合到一页手机界面，如果 App 数量超过了一页，说明你需要做取舍了。

将使用频率最高的 App 放置在手机最显眼的位置，使用频率不高的 App 放入文件夹中。

背景可以选择纯色、星空等治愈系的背景，减少视觉干扰；也可以选择与家人、偶像的合影，以此激励自己。

4.7.2　关闭手机 App 通知提示

关闭手机通知，减少信息轰炸

想一想，你每天会被多少条短信、电话、微信消息、App 通知干扰注意力？

也许你不会查看消息推送，或者只点击自己感兴趣的通知，但是每一次被打断的注意力都很难再找回来。而且每天被各类消息轰炸，会给你一种"很多待办事项"的感觉，无形中会增加压力。

为了保持专注度，除了微信，我将所有 App 的通知都关闭了，而且微信里面的所有群聊消息都选择免打扰模式。如果你也觉得难以集中注意力，不妨试试这种方法。

4.7.3 微信整理，减少信息焦虑

现在大多数人的工作和生活都是通过微信来沟通处理的。所以如果没办法做到关闭微信消息通知的话，可以通过以下方法减少信息源。

1. 微信好友

现在的社交礼仪是见面就加微信，一面之缘的微信好友很多，甚至有很多没见过面的网友。很多教社群运营、朋友圈运营的人会以微信好友的数量去彰显自己人脉的广泛，但是，这些"熟悉但陌生"的人真的能给你带来效益吗？

我个人认为，会给你带来利益的陌生人取决于你自己的势能和能量值，相当于你的个人能力，比如你在某平台有多少万粉丝、曾经在

行业内取得什么成就，或者你的服务精准定位、区别于同行且有市场吸引力，否则别人即使加了你的微信，也不会跟你合作。

所以比起四处加好友，先打造好个人和产品质量，会是更好的选择。记住，80% 的重要信息是由 20% 的人带给你的。

另外，添加新朋友的时候做好备注很重要，备注"名字 + 公司职务 + 活动 / 地点 / 原因"，方便寻找和做进一步链接。

2. 微信群

你知道自己有多少个微信群吗？有多少群的聊天记录是你每天都看的？有哪些群消息真的对你有帮助？对于无数个待看的微信群，你是什么感觉？你会不会总是担心错过群里重要的信息？

其实大多数微信群就像鸡肋一样，食之无味，弃之可惜，这个时候我们要明确自己近期的工作计划和生活安排，退出与工作和生活无关的群。比如你近期打算专心搞事业，那么吃喝玩乐的群可以退出，只留下一到两个高质量生活群即可。半年以上没点开、没说过话的群，可以直接退群。无法提供正能量的群，可以选择退出。

我自己会置顶一个团队群，方便日常工作交流，也会根据每天的日程置顶不同的微信群和微信好友。事情处理完毕之后，如果微信群的资源还需要后续对接，我会取消置顶；如果无须对接，但是群里的微信资源要用，我会选择折叠群聊，等需要加的人加完了就会退群，或者建立自己的公司资源群，找专业的小伙伴管理。

3. 微信朋友圈

很多人喜欢利用碎片时间刷朋友圈，利用刷朋友圈解压，但如果你总是忍不住刷朋友圈，或者你的朋友圈已经成了你压力的来源之一，那么你该好好整理自己的朋友圈了。

我自己会直接屏蔽朋友圈通知，而且我把微信页面除朋友圈和视频号以外的功能全部关闭，避免"发现"入口处的小红点吸引我的注意力。每次添加了新朋友，我会先去对方的朋友圈看看，如果 TA 的朋友圈内容营养不够，比如总是晒自拍、发广告、晒娃、转载公众号，或者打鸡血、做营销，我会直接设置朋友圈权限，不看她的内容。如果我发的朋友圈，有人经常在下面评论负面言论，我也会直接删除好友。

跟微信群类似，很多人刷朋友圈是怕遗漏重要信息，但是根据二八法则，其实最重要的信息是身边那 20% 的人传递给你的，而且如果真的是对你非常重要的信息，一定会有人额外通知你。

你可以思考一下，自己刷朋友圈背后的心理因素是什么，是害怕错过重要消息不利于工作，还是只是单纯地害怕孤独，想要跟别人有一些连接，或者纯粹是想通过朋友圈观察别人的生活。每一种行为背后都透露出我们的心理因素，从日常行为中反思自我，是最好、最快的修行方式。

重要的信息总会有人在合适的时间告诉你的，不用担心关闭了朋友圈就失去了跟世界的联系，在自己身上用力，世界才会开始跟随你的脚步。

当然，朋友圈确实是一个认识他人的很好的途径。当我想要跟某人合作时，我会去翻看 TA 的朋友圈，通过 TA 朋友圈分享的生活日常、图片、生活感悟等各种细节，大致描绘出 TA 的性格和能力，方便见面时的洽谈。

有学员说她会在需要打鸡血或者动力的时候，去看一些高能量的人的朋友圈。我其实不太建议使用这种方式，因为这种暂时性的鸡血会让我们迷失自己的方向。每个人都有自己的道路和速度，没必要看着别人的道路和速度走自己的路，否则容易一味地比快、比有钱，却忘了自己这辈子到底想干什么。

4. 公众号、视频号

打开你的微信，看看你是否关注了近百个五花八门的公众号和视频号？

其实，对于几乎不看、给你造成压力的公众号，以及各种短视频号，可以直接取消关注，给自己多留出一些专注的时间，每天省下来的时间，无论是学习成长，还是陪伴家人，或者去做自己感兴趣的事情，都是非常有价值的。

等到需要某类型的知识时，再主动选择需要的信息，而不是系统给你推荐什么就看什么，但大把的时间都耗在信息流中。虽然刷的时候很有快感，放下手机却又觉得无比无聊和空虚。

5. 微信收藏栏

你是否有随手收藏好文章和好信息的习惯？遇到认为对自己有用、未来可能会用得上的微信文章、聊天记录、微信群干货、图片等，你是直接收藏，还是会给这些信息贴上分类标签呢？

整理收藏栏，我建议从最初的一条信息到最近的一条信息整理，这样你能够明显感觉到自己的成长和变化。细细感受这些你收藏的信息，看看你最喜欢收藏的是哪一类型的信息，是励志文章，还是觉得有用的聊天记录，又或者是各种照片？如果这些年你喜欢的内容一模一样，会不会是因为这些年自己都没有变过呢？

4.7.4 手机照片和视频的整理

你的手机里有多少张照片？

自从美颜相机和手机摄影普及之后，人类对美丽和记忆的追求变得一发不可收拾，很多手机的升级甚至都是以相机的清晰度为由。因此，很多人的手机里存储了过多的照片，以至于手机经常卡壳、死机、内存不足。

要想改善这种状况，首先要删除无用、重复的照片；然后打开百度网盘，将照片上传到云盘（也可以上传到电脑上）；可以在百度网盘中建立一级文件夹——照片，根据自己的方式将照片按类型分类，并建立各个二级文件夹，比如我的分类是整理案例、整理课件、照片回忆、小说写作等。每个人的分类方式和生活方式不同，按照你喜欢、适合的方式分类即可。

其实百度云有照片智能分类功能，它会根据照片的内容自动按照人物、地点、事物进行划分，非常方便。如果不喜欢细碎的整理工作的朋友，可以直接将照片上传到百度云盘即可。视频也可以按照上述方法进行整理。

第 **5** 章

自我整理，更好地
遇见自己

你是怎样的人，
就会吸引怎样的物品到家里；
你有怎样的信念，
就会吸引怎样的人生。

由于体质敏感，我很容易跟人和空间产生共振。如果一个房间的能量场不好，或者这个人的负能量太多，做完整理之后我会很累；但如果房间的能量场很好，或者主人充满正能量，我做整理会很轻松，而且很容易进入心流状态。

当我发现这个规律之后，我开始探索"能量场"。根据物理学相关理论，原子通过释放和吸收能量，完成跃迁或降级，而人类、动物、植物、所有存在于世间的物品，都会从周围的环境中吸收能量，物品自身也会散发能量，不同颜色、材质的物品会带给人不同的感觉，例

每个房子都有自己的能量场

如大红色给人温暖的感觉，暗红色会让人觉得阴暗，这是因为不同颜色的光谱散发出的能量不同。

同理，人也会散发出不同的能量到他周围的世界，也会从环境中吸收能量，这就是人们经常说"房子会养人"，同样的，"人也会养房子"。

▼　5.1　整理生活，创造好的能量场

基于上述理论，我总是抱着开放的态度去客户家，将自己放空，接受这个空间带给我的能量，倾听它的讯息。所以，我从空间和物品中接收的信息要比主人还多，很多主人自己都不清楚的问题，我能察觉到。

再后来，经过多次上门整理，我发现自己可能有净化空间的能力。我每去一个地方，都会净化那里的能量，所以朋友们跟我在一起会感觉很明显，觉得舒服的朋友可能是因为自己的能量场比较好，或者急需净化；觉得不舒服的人大概率是因为他此刻抵触改变，或是周边负能量很多。

当我通过整理收纳，将房间的物品按照主人的使用习惯整理得整齐有序，物理层面的能量场自然而然会变好。其次，我会去透过物品观察客户的内心漏洞——是什么原因让他购买了这些物品，这些物品可能正在无形中吞噬他的能量，让他觉得不舒服。帮客户找到他的内心漏洞，让他看清自己的内心，改变和成长就会自然而然地发生。这也是为什么我服务过的客户，复乱的情况很少，生活都会向好的方向发展——清理了负能量，好运自然就会来找你了。

在此我想借用吸引力法则的概念——你是怎样的人，就会吸引怎样的物品到家里；你有怎样的信念，就会吸引怎样的人生。

日本电影《盗钥匙的方法》能够很好地诠释这句话，无论是住在出租小屋还是豪华别墅，自律的人都能把房间收拾得井井有条，生活越过越好，温馨而幸福；而懒惰邋遢的人，住在最豪华的别墅里也会原形毕露。

我也遇到过反驳我的学员，因为他们觉得吸引力法则没有用。事实上，并不是你想吸引什么都可以，宇宙会有一套紧密的评判体系，决定是否给你这些想要的东西。有些人貌似在吸引正面的事物，但是只要简单地问几句"你为什么想要这个"，就会发现他其实是希望通过物品获得安全感、价值感，起心动念是源于恐惧、虚荣或贪婪，这个时候的"梦想成真"往往会变成灾难。

我在整理中有过很多次梦想成真的经验，说说最近的例子吧。

写这本书的过程中，因为想要帮助更多的人，所以我决定自己组建团队。很快我便机缘巧合加入一家刚成立的新公司，负责内容板块。当时无论从哪个角度看，这个公司就是为我量身定制的，他们有运营、有资源，所以，我们从第一次见面聊过彼此的想法到正式签约合同只用了4天的时间。公司稳步发展的过程中，我发现我并不适合资本运作，我讨厌照本宣科，每次都讲同样的内容，团队以赚钱为目的各种技巧也让我很不适应。所以，在纠结了半个月之后，我决定退出公司。当我因正式签约了合同不知道怎样退出的时候，第二天就收到了消息：公司要加入新的资本股本，需要重新签约股份合同，我刚好趁机退出了公司。

所以，从签约合同到终止合同，大概用了 40 天的时间，在此期间，我体验了资本运作的所有流程并识别了自己的初心和适合的方式，我决定不再跟任何团队合作。当时正值春节期间，我没有计划下一步的行动，结果过完年我刚到上海，就陆续收到了好几个客户和朋友的投资意向，我不知道要不要接受，比较犹豫。结果出去讲课的时候，一个熟悉的朋友也参加了讲座，我们在讲座结束后聊了很久，聊完后其实我才发现我并不需要投资，也不需要团队，传播我的整理理念帮助他人并不需要组建团队，任何人都可以成为我的传播媒介，因为我本人的能量场和知识体系非常容易让人信服，大家都乐于主动帮我传播。

当我决定不接受任何投资，所有团队和场地都可以成为我的助力的同时，我就收到了另一个客户兼朋友的微信消息，她几乎成了我行走的传播机，当她遇到觉得适合我的场地和课程合作伙伴时，就会推荐我，而像这样的朋友我周围还有很多。

像上面这种我下定决心做某件事情，就会出现相应的人和事帮助的情况非常多见。整理真的能给很多家庭带来好的能量场，让他们的未来越来越幸福。

▼　5.2　未来定位法，让未来现在就来

卢梭说过"人生而自由，却无往不在枷锁之中"，《次第花开》里

写道"有的人居无定所地过着安宁的日子，有的人却在豪华住宅里一辈子逃亡"，这两句有异曲同工之妙。

在给客户上门整理之前，我都会让他们思考两个问题："你想过什么样的生活""你想成为什么样的人"。这两个问题是如此的重要，以至于在整理之后如果客户还没有想明白这两个问题，我就会觉得这场整理是失败的。

如果你不知道自己想过什么样的生活，就会把别人的生活套用在自己的生活里——别人买房你也要买房，别人读书你也觉得自己应该读书，于是从衣食住行到孩子教育再到自我成长，你几乎都是在套用别人的模板。在这个过程中，原本拥有无限天赋和特长的自己就会被弄丢。这就是为什么很多成年人随着年纪的增长和职务的上升会觉得越来越空虚。

在大学毕业时，我的想法跟很多人一样，以为钱能够买到幸福，收入等于成功，但是随着上门整理的经验增加，我面对的客户越来越多，我发现"钱能够买到幸福"是假的，不是有钱人就一定幸福。虽然在人前光鲜亮丽，但是走进客户家之后，才明白他们都有自己现阶段没办法解决的烦恼，他们的烦恼需要用更多的钱解决，甚至连钱都无法解决。一个人如果习惯用钱去购买幸福，那么他会过度依赖钱的能力，比如花钱买孩子的教育、父母的陪伴、伴侣的开心、自己的健康……初期钱或许能够起到作用，但久而久之一定会失效，想当然的解决办法就是投入更多的钱，如此形成一个恶性循环。

而能够打破这个恶性循环的方法，往往就是发生一件突发性伤害事件，比如伴侣提出离婚、孩子叛逆、老人指责、自己进医院……这种打破原有生活规律的大事件的发生，才会给人带来反思。

5.2.1　把缺点变成特点

《论语·里仁》有曰："见贤思齐焉，见不贤而内自省也。"这句话被我奉为人生经典。我遇见的每一个人都会成为我成长的养分，所以遇到了形形色色的客户之后，我会把这些客户的优点和缺点总结出来，学习优点，反思缺点。也因为我过手了客户的每一件物品，了解客户内心的问题，所以每次整理结束，我都会反思自己是否也有这种情绪问题、信念、执念、错觉，等等。

之后，我发明了"未来定位法"，并且多次通过这种方法梦想成真。我很喜欢用未来定位法帮客户梳理未来的路途，但前提是要帮客户改掉一个习惯——总觉得自己不够好。

如何改变这个习惯呢？下面五步会对你有很大帮助。

一、将自己的优点和缺点写在一张纸上。不知道自己有什么优缺点的朋友，可以把从小到大的成功事件和失败事件写下来，透过这些事件分析自己的优缺点。如果觉得自己没有什么特别成功或者失败的事情，就把自己的榜样、羡慕的人身上的特质写下来，这些特质就是你想拥有的。

二、用另外一个角度，把自己的缺点变成特点。比如：

别人眼中的"缺点"	变成自己的"特点"
脾气倔强	做事坚定
情商低	有自己独特的处事风格
内向	容易独处
好动	运动健将
没有安全感	总能找到安全的地方 / 人
经常质疑自己的决定	考虑周全
喜欢自我攻击	能从多个方面考虑问题
……	……

运用灵感和创意，把你所有的缺点变成独一无二的特点和优点，发挥自己与生俱来的特点，而不是一味地盯着所谓的缺点自我攻击。

比如我的朋友 N 是个看所有事情都会从负面角度出发的人，所以在绝大部分人眼里，甚至她自己都觉得她是一个负能量满满的人。如果 N 盯着这个缺点看，她的人生几乎没救了，但我却发现她非常适合做项目风险测评，因为她能从各个角度看到一件事情的各种负面发生的可能性，这种能力并不是所有人都具备。

还有很多朋友会觉得自己是个没有安全感的人，但我发现这类人总是能找到安全的地方、遇见让他觉得安全的人。所以这类人可以考虑居家类工作，比如如何布置室内格局才会更有安全感，或者设计让人觉得很有安全感的产品，毕竟没有安全感的人有很多，他们一定急需这样的服务。

还有很多朋友喜欢自我攻击，一旦没有达到自己设定的要求就会有扑面而来的自我评判，如果把这当作缺点，肯定感觉人生就要完蛋了。但其实不是所有人都有"自我攻击"的特点，如果能把脑海中自我攻击的声音理解成"上天给你派来的职业监督者"，就像是每个遗落在民间的皇子、公主身后默默守护的皇宫大内高手一般，这样就会觉得自己简直是"被选中的天之骄子"。而且喜欢自我攻击的人，大多对自己要求严格、能从多个方面考虑问题，你看，这难道不是被选中的人吗？

三、缺点变成特点后，重新回顾过去的失败事件，换一种角度把它变成好事。比如：

过去的"失败事件"	重新解读后的"好事"
高考失利	在大学中遇到了一生所爱
被公司辞退	成为自由职业者
被前任劈腿	过回单身生活，找回自己
遭遇意外事故	有大把时间休息，反思人生
……	……

如果你正在遭遇不好的事情，也许可以站在未来的角度看现在：要如何对待现在的事情，才会在未来创造好的结果呢？

相信你会有不同于以往的处理方式。

事情的本质是中立的，是我们看待事情的眼光决定了事情的性质，所以其实我们每个人都有"翻手为云，覆手为雨"的能力，就看你想不想使用这种能力了。

四、梳理完所有的"失败"事件后，重新写一份优缺点清单，这一次你没有缺点，只有优点和特点。

五、将这些优点和特点不断内化成你的习惯，当再次遇到自我怀疑的事情时，用你的某项特点内化它。

比如工作的时候担心自己没办法在领导面前说出自己的真实想法，那么你可以选择你的特长"写作或画画"的方式传达，或许会得到意想不到的结果，比如领导会因为赏识你的写作能力或者画画能力而给你升职，或者给你指派另外的任务。

这个方法其实很简单，但是需要你耐心地花时间去完成，而且可以经常使用这个方法不断改写你过去的人生剧本。使用这个方法最大的前提是：信任自己的所有想法、决定，坚信此时此刻遇到的所有人、事、物都是对自己最好的选择。

给大家看看我自己的"翻转人生"的案例。

案例

25岁之前，我都在怨恨父母在我两岁半的时候把我送到乡下外婆家寄养，所以导致我性格胆小、木讷、不圆滑，一直活在"样样优秀"的妹妹的光环下，自卑却又暴戾。每次妈妈责怪我"性格不好"或者得不到跟妹妹同等的爱的时候，我都会反过来以"抛弃我"的理由攻击父母。

后来我使用"翻转人生法"，把我所有的缺点都改成特点。正如大家在表格中看到的那样，我开始默默地、坚定地做自己认为对的事情，并且改写了过去所有的伤痛事件。

比如"小时候被送去外婆家寄养"，我以前得到的结论是"因为与父母分离而不懂与人相处，所以得不到别人的喜欢""因为从小在乡下长大，所以成为土肥圆"……而改写人生后的结论却是"因为在农村长大，所以有农民的淳朴和大自然的智慧""因为小时候在农村长大，所以现在我才能时刻从大自然中得到力量和疗愈"。

为什么翻转人生后能得到这样的结论呢？这跟我成长过程中遇到的很多重大选择有关。我就拿自己的大学经历做具体的分析。

我相信很多人跟我一样，因为自己高考没考好，进入一所普通大学，因为不知道如何挑选专业而稀里糊涂地进入了父母或学校帮忙挑选的自己并不喜欢的专业，人生从此走了下坡路，并无数次假设如果考上了心仪的大学，会过上怎样意气风发的生活。我大一的时候经常埋怨自己的大学不够好，而导致我考得不好的原因，我自然而然地归结到了父母身上，比如因为没有得到父母的爱所以导致我情绪调节能力差，所以考试紧张发挥失常；比如因为小时候被送到了外婆身边，所以低龄教育空白，导致成绩越来越跟不上。我有些时候甚至会责怪父母为什么不是有钱人，给我好的教育甚至送我出国……现在想来，那时的自己真的很可笑，那时的我像一个在"对现状不满"的笼子里自我挣扎的野兽，我需要将自己释放出来。而帮助我释放的恰好是"农民思维"——一种瓜得瓜以及诚实。

农民如果不诚实、不辛勤劳作，在春天欺骗老天爷，秋天就会没有收获。所以大一我没有只是抱怨，我决定翻种另外一块地，既然专业不喜欢又更换不了，那就把时间和精力都投入到可以变得肥沃的土地上——大脑。那个时候因为不清楚毕业后要做什么，也不明白存在的意义所以我经常去图书馆看书，虽然看的都是一些励志类的心灵鸡汤，但量变会产生质变。到了大一期末考试的时候，全班同学都在考试时作弊，我也跟着作弊，我越来越没办法忍受"为了通过考试而无所不用其极"的不诚实的自己和大学氛围，所以我非常执拗地选择了退学并去广州打工，而就是去广州打工的经历彻底改变了我的观念。

没有任何社会经验的我一个人拿着 1 200 元钱去了一个完全陌生的城市租房子、找工作、照顾自己饮食、交朋友、适应工作、跳槽、周边旅行、思考人生……这一切事情我都做得非常好。那个时候我体内的潜能似乎开始觉醒，我才意识到我其实有很多优点和能力，并不像父母说的那样一无是处。所以复学后，我开始了逆袭之路。

因为休学一年，相当于浪费了一年时间，所以我决定把这些时间补回来。我不再幻想不劳而获，我知道只要我肯去做就一定会有结果，所以我开始疯狂学习。我利用上课时间完成学习任务并做完作业，所有的课下时间也都安排得满满当当：学习外语、舞蹈、体育、图书馆看书、每天跑步、写日记，我把所有感兴趣的事情都纳入我的生活中，而且因为没有很多钱，所以我非常会找到"不需要钱也能享受"的事情，比如穷游、学习、运动。

运动是绝对免费的，我只需要买一个球拍，学校的球场等设备我都可以随意使用。起先我很喜欢打羽毛球，而且越打越好，还代表院里打比赛，后来网球、排球、乒乓球，但凡我有机会学习和玩的，我都体验了，而且抓住了一切宝贵机会训练。

穷游也是一件投入产出比巨大的事情，基本上只要能承担来回路费就可以了。学生证去任何景点都半票，背上干粮和水，坐最便宜的绿皮火车，中国就可以"任我行"了。所以我大学利用空闲时间，一个人穷游了 30 多个城市，这对开拓我的眼界和格局帮助极大。

除了去图书馆看书，我还在慕课上学习很多高校的课程，不管是常春藤联盟还是清华北大，慕课里都能找到这些学校的课程，其中文史哲及心理学的课程对我影响很大。那些老教授用深入浅出的话讲了我以前非常讨厌的文科知识，让我一个钢铁直女理科生对文史哲产生了浓厚的兴趣。

我大学时候知识付费并不疯狂，网易云上大部分课都是免费的，所以我也学习了很多时间管理、思维导图、人生规划等职业软技能，对未来我进入社会工作起到了很大的帮助。

当时的我如饥似渴、来者不拒，任何能接触到的知识我都会去体验。比如学习外语，我起先学的是日语，后来我用一年的时间学完了原本一年半的课程，又用剩下的课时费学了韩语和法语。在学习舞蹈时，我起先学的是肚皮舞，后来因为每次都要坐公交去校外学习，所以我尽量安排一天的时间在舞蹈班，上完肚皮舞课，我还会上当天有的其他舞蹈课，因此体验了爵士舞、Hip-Hop、瑜伽，而瑜伽对我也有很大的影响和改变。

我当时会有"免费学习"的想法，是因为我的外公外婆是农民，我从小看着他们干农活、光着脚在田野里跑，我知道土地是大自然的馈赠，阳光、空气、雨水、风都是免费的，却能量巨大，我从小就知道好好享受这些免费又昂贵的东西。而且如果不是因为农民的诚实，我不会选择休学；如果不是农民的吃苦耐劳，我在广东会活不下去；如果不是农民的踏实投入，复学后我不会那么努力学习。至此，我感激自己曾在乡下长大的经历，我爱我过去的一切。

看了上面长长的回忆，你有什么感受呢？你是否也跟我一样，发现曾经一直厌弃的经历其实是自己最宝贵的财富呢？

我当时曾躲在家里一个星期没出门，没有跟任何人说"改写人生"的事情，只是疯狂地在纸上写，然后一遍又一遍地朗读背诵，直到我将过去的经历彻底改写完之后，我像变了一个人似的，我觉得自己是一个"被老天爷厚爱的孩子"，我拥有各种天赋和资质，我不再自卑、渴求别人认同，不再自我攻击，然后就有了大家现在看到的我。

我与你，本没有不同。"翻转人生"的秘籍送给你，希望你的人生也开始闪闪发光。

5.2.2　制作愿望清单

解决了"不自信""觉得自己不够好"的问题，我们就可以来制作愿望清单了。

第一步，清空。挑选一首你觉得很安全或者很幸福的音乐，单曲循环，跟着音乐的节奏和内心的指引，撇开金钱、地域、能力、家人等的限制之后，问自己：我最想做什么。然后在白纸上写下自己所有的梦想、愿望、目标。

第二步，分类。按照生活、家庭、工作、兴趣爱好等进行分类。

第三步，舍弃。想象自己的生命只剩 1 年，然后重新审视自己的愿望清单，删掉来不及完成的部分愿望。

愿望管理跟物品管理一样，收纳空间类似于我们的时间，时间就这么多，我们只能做最想做的那些事情。

仔细检查，哪些愿望是想完成给别人看的，把这些"为了得到别人认可"的愿望删掉，把"为了满足某种心理安慰"的愿望也删掉。

案例

很多朋友说想买车，但我发现他们背后的逻辑都不同。

我有个女生朋友想买车给父母开，她觉得父母需要，但我仔细询问过后才知道，她们家没人会开车，她决定让父母和弟弟去学开车。她内心深处的真实想法是：父母活得太辛苦了，希望父母能轻松一些。她觉得家里有了车做什么事情都方便，但其实她家根本不需要车，她可以用买车的钱把老家装修一下，给家里换一台洗衣机，甚至仅仅只是把买车的钱放在父母手中存着，都能让父母轻松很多。她们家的家庭氛围十分和睦，一家人都非常无私奉献，父母辛苦养育两个孩子，送他们出去读书。现在朋友在大城市稳定了下来，每个月都会把钱省下来存起来，她希望家人需要用钱的时候她能有能力帮助。所以其实她不需要买一辆车送给父母，而是明确告诉父母自己的赚钱能力，帮父母卸下肩上的一些担子即可。

有个男生朋友想要买车，他希望能扩大自己的活动范围。但其实他每个月出门的频率并不高，而他想买车背后的真实心理需求其实是"想要更自由"，所以他需要找到自己现在觉得不自由的真实原因。其实，他主要是思绪太多，又没有一个很好的排解办法，所以给自己定了一个"要努力才能完成"的目标来转移注意力。

第四步，收纳。在另外一张白纸（或者日程表的空白页）写下一整年的时间表，将这些愿望按照大小和自己的时间空闲，见缝插针地安排进日程表里。

第五步，归位。按照日程表做事情，形成习惯。

1. 写下所有愿望，并分类

2. 删除掉部分愿望

3. 安排完成愿望的时间

制作属于自己的愿望清单

我询问过很多手账爱好者或者日程表达人，大家跟我的看法一至：愿望只要写下来就更容易实现，其实写在日程表上就是一种仪式感。

许多人只是在脑海里拥有无数念头，以为自己有很多梦想，但是没有时间去完成。其实写下来，清晰地看到它们，你的大脑就会开始动用各种资源去实现，周围的人也会开始帮你完成这个愿望。

案例

我一直想住进光线明亮、交通方便、离图书馆近的地方，

185

在某次匆忙搬家后，我发现新换的房子完全符合当时我的想法。虽然在找房子时并没有很刻意地去想象，而且确定这所房子的时候是晚上，我完全不知道白天它的模样，但这个房子却出奇地我满意。

后来我想在家附近举办整理沙龙和读书会，结果晚上散步的时候发现隐藏在几颗古树背后的咖啡馆，咖啡馆二楼有超大的电子投屏和舒服的座椅。

某天散步，我决定把自己的整理体系出版成一本书，让更多人受益。没过几天就遇到了一个客户，她帮我链接上了秋叶大叔的私房课，于是写书立刻提上了日程。

相信我，不管是大的梦想还是小的愿望，只要写下来，实现的可能性就会更高。

5.2.3 利用日程本和便签管理时间

我在第一章中提到过，最不浪费时间的时间管理就是不要管理时间。只需要把时间放在重要、喜欢的事情上，时间就会自行运转。

我的时间管理方法很简单，只需要纸笔就能够完成。

首先，记录自己每天的时间，下面列举我自己某段时间的作息。

时间（段）	事项
6：00	起床
6:15—8:00	工作
8:00—9:00	早饭 家务 放松
9:00—12:00	工作
12:00—14:00	午餐 午休
14:00—18:00	工作 见客户 / 看电影
18:00—21:00	晚餐 运动
21:00—23:00	工作 阅读

等你养成记录时间的习惯后，可以分析自己的时间使用效率，比如具体的每项工作你会花费多少时间，会有多少时间用在情绪内耗上，有多少碎片时间可以使用，等等。

时间（段）	事项	时长 （分钟）	具体事情	效率 等级
6：00	起床	15		中
6:15—8:00	工作	60~90	回忆梦境 安排当日工作清单 写文章或阅读	高
8:00—9:00	早饭	30		
	家务	15	家务也是放松	
	放松			
9:00—12:00	工作		工作相关内容	中

（续上表）

时间（段）	事项	时长（分钟）	具体事情	效率等级
12:00—14:00	午餐	30		
	午休	90		高
14:00—18:00	工作	90	工作相关内容	高
	见客户 / 看电影	120	不用出门时就会看电影或者看书	中
18:00—21:00	晚餐	30		
	运动	60	散步，大笑 跟老公说今天的感悟	高
21:00—23:00	根据当天的状态决定		工作 / 阅读 / 看电影 / 提前睡觉	

通过记录时间和分析时间，我发现我早上起床和中午午睡后的效率特别高，我就会把最重要、最消耗脑力的事情放在上午，其次是安排在午睡后。而且我发现打扫卫生能够让我放松，所以我直接取消了做家务的时间，每次工作疲劳后，我就会去打扫卫生。我还发现晚上散步跟老公聊天时，我经常灵感迸发，聊天时会进行工作复盘或者谈感悟，所以散步时直接录音，然后把录音转成文字，修改文字后就可以发表成文章，或者拍成小视频。

就这样，我不断记录和调整我的时间作息后，我发现我的效率越来越高，多出来的时间也越来越多。

这些多出来的时间并不需要额外增加更多的工作，利用这些时间制定出游计划或者学习计划、喘口气，或者只是发发呆，做你想做的任何事情都可以。时间管理的宗旨其实是不管理时间，只要把不重要、不需要、不适合的事情从"待办事项清单"里剔除掉，然后将重要的、需要做的事情放在合适的时间点完成就好。

现在我们总结一下"黄婷的时间管理法"：

➤　第一步：清空，把所有的时间和事情写在纸上；

➤　第二步：分类，明确哪些时间段做哪些事情；

➤　第三步：舍弃，把不需要的事情或者可以合并的事情划掉；

➤　第四步：收纳，根据自己的状态和习惯调整日程；

➤　第五步：归位，养成习惯，提高效率，升级日程表。

其实，万能的"黄金整理 5 步法"适合一切事情的整理。除了时间，我的购物清单也是用的黄金整理 5 步法。将需要购买的物品写在便签纸或者日程本上，然后在空闲时间一次性购买齐全，就不用经常往超市跑和网购了，其实网购非常容易分散人的注意力。

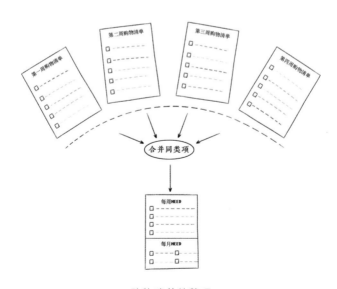

购物清单的整理

　　而且还可以根据往日的购物便签，了解家庭需要的实物量，定制自己的购物清单，每周只需要根据固定购物清单的量买东西，比如水果每周购买两次，纸巾两个月买一次，米一个月买一次。

　　觉得纸质清单不方便的人也可以使用手机自带的备忘录功能：购物时打开备忘录，一边看一边采购，采购完就可以勾选完成。一段时间后，备忘录里就会累积许多购物清单，用同样的方式制作固定式购物清单，会节省很多时间。

　　使用这个方法后，你会发现自己的钱不知不觉多了起来，家里的空间也会变得更加有序。因为很多时候我们会被各种营销广告吸引，购买一大堆用不完的物品，要么过期浪费了，要么占据居住空间。

　　同样的方式也适合上班族的妈妈们定制早餐。按照每周或者每月的计划，给早餐制作日程表，这样就能够根据购物清单和所购买的食材准备相应的食物，也可以跟家人一起制作专属你们家的"家庭菜单"。

　　如果是对吃不太讲究的家庭，可以做成每周菜单，每周吃哪几个菜列成表格贴在冰箱上，这样能够节省不少时间。如果是对吃不太讲究的家庭，可以制作家庭菜列表，把所有会做的菜都写下来，根据家人的喜好排列，然后贴在冰箱上，家人可以根据自己的喜好和心情挑选想吃的菜，这也不失为一种家庭互动。

　　每周的相关事宜、家庭出游计划、家人的学习计划等也可以写在便签纸上，贴在家人都能看到的地方，让家人一起养成事项管理的能力。

上面的这些方法，是我以前一直使用的习惯。但后来我就不再使用了，因为我发现自己不需要管理时间或者管理购物清单了，我对自己的各类需求实在太熟悉，对自己喜欢和不喜欢的事情非常明确。

在写这本书的一年时间里，我完全没有管理过时间，时间表也是非常没有规律可循的。我并不会要求自己每天写字改稿，而是灵感来了就坐在电脑前码字，其他时候我都是随心意而定，比如研究李欣频老师的知识体系、看很多电影和电视剧、大量的睡觉和做梦、去大理旅居了 20 天，等等。而这样做的背后心理支持是：我完全信任自己。我信任自己是一个天生的作家，我信任自己会在某个时间节点完结这本书，我信任自己不会因为商业需要写商业文字，我信任宇宙会把这本书在合适的时候带到合适的人手中，我甚至信任这本书会自己在某个时间段主动完结，它会带我成长。我信任一切。

5.2.4　描绘心中的人生蓝图，通过物品提前打造未来

在解决了不自信、时间不够、梦想焦虑之后，就到了造梦环节了：通过物品来实现心想事成。

除了通过"模拟偶像的言行举止"实现职场跃迁外，人生的方方面面都可以用"造梦"的方式达到心想事成的结果。当然，前提是你觉得自己值得美好的结果，所以前面 3 小节的内容非常重要 。

"造梦"非常像自我催眠并模拟场景，成为自己人生游戏的制作者，也就是自己剧本的创作者。先给大家看看我自己的案例。

案例

2020 年 10 月份，我很想以整理为事业创业，想通过打造自己的个人品牌。我给自己的定位是：有决断力，做事雷厉风行，用行动和智慧影响更多人。于是我开始了一次大整理。

1. 关于形象

为了和雷厉风行的职场"女强人"形象匹配，我将款式幼稚、花哨的衣服都舍弃了，包括不得体的白色 T 恤、穿出去会掉价的外套、沾了油渍的双肩包……凡是和"女强人"不匹配的物品，我都舍弃了，然后花大价钱买了一套职业装。为了匹配形象，我以最快的速度预约了形象照拍摄，效果很惊艳。

为什么这样说呢？我对自己的外表认知一直停留在：长得还行，但不惊艳，也没特色；皮肤黑，身材壮。直到拍摄那天，化妆师给我选了衣服、做了发型、化了妆，我有些僵硬地站在摄影棚里，看到摄影师随手拍摄的照片在大屏幕上投放出来时，我被自己惊艳到了——那个知性美丽的女人是谁？

随着后续各种换动作、换表情，我觉得自己的气质很像 20 世纪的英国家庭教师，而不笑的时候有一种冷艳的美感。

而我以前的认知停留在：我是个圆脸，显小显幼稚，我觉得别人看到我的第一眼就会认为我是一个不成熟的人，这让我很难对接到客户。我一直抱着这个认知，穿简单的 T 恤、休闲裤、运动鞋，素面朝天，却自以为青春逼人。但其实我只是自己给自己设限了。

形象改造后（左）VS 形象改造前（右）

2. 关于知识

自从成为极简主义的践行者之后，我就没有买过实体书。这一次，我将平板里面的小说和各种兴趣爱好相关的书都删掉了，只留下了与新媒体和整理有关的书，以及为了跟上职业女性的眼界和步伐而下载的生活和个人传记类图书。

平时看的电视剧、电影也几乎统统消失在娱乐清单上，再见了，我的福尔摩斯，毕竟做女强人更吸引我。

有一个说法：如果一个人减肥的欲望真的特别强烈，强烈到超过了对美食的渴望，那么减肥就会成为一种必然的结果。同理，如果你想成为某一类人的欲望特别强烈，那么阻挡你成为这类人的诱惑将会变得不那么吸引人，因为最吸引你的一定是那个终点。

造梦是一件很简单且有意思的事情。我们通过自己的想象和推演，进行自我催眠。我们可以透过电影或小说里的主人公，体验另一种人生。我们可以通过名人的自传，带入他们的生活和感受。我们观看纪录片，可以体验动植物甚至地球、宇宙的生老病死和进化历程。

积累素材去造梦，而不是局限在自己的认知和经验里。

有些人一生下来就知道自己要做什么，于是目标坚定地朝终点走去；有些人不知道自己的人生目标是什么，所以他不断模仿他人、制定短期目标，也许最后终于找到了方向，也许一生都在旅途。我们无法评判哪一种生活方式是最好的，但我知道，让自己觉得开心的方式就是最好的生活方式。

我属于15岁之前不知道自己要做什么，15岁之后决定通过自己的行动帮助别人，然后花了10年的时间探索了少儿教育、成人教育、心理学、整理等很多领域的知识，我大量地去尝试和学习不同职业，找到自己的通道——通过整理，让更多人明白，幸福就藏在我们拥有的物品里。我们每个人都是幸福和幸运的，只是很多人看不到自己手中拥有的宝藏。我想通过整理帮助更多人看到自己的天赋和幸福，所以我把心理学、冥想、原生家庭、亲子教育、人生蓝图等我感兴趣的领域融合进我的整理体系里，希望能够更好更快地帮助学员找到自己。未来我还会去学习任何我感兴趣的领域，像催眠、易学、心理咨询，等等。我会把我的极简主义生活方式跟全球环境污染、生态学结合起来，让更多人理解和明白我们是如何浪费地球资源的，呼吁更多人过上极简主义生活，用自己的天赋生活和创造，而不是盲目赚钱和消费。

我无法预言3年之后的我会做什么，也不想去计划，我只想全凭心意地活在当下，用自己擅长、喜欢的方式去帮助别人。我读过的每一本书、看过的每一部电影、走过的每一处风景、见过的每一个人、体验过的每　种生活方式，都会融进我的血液里、灵魂里，然后通过我的话语和文字，传递给更多的人，希望他们能透过我看见生活的美好和温暖。简单来说，就是我快乐地活着，然后让每一个遇到我的人都感受到快乐，仅此而已。

▼ 5.3　打造一个让自己能够满血复活的秘密空间

5.3.1　舒服的空间会让人想要停留

舒服宽敞的空间会让人想要停留，就像自然景色一样，大片的绿色植物，或者一望无际的海天一色，又或者巍峨耸立的高山，都会让人觉得流连忘返。

如果家里东西太多，人会觉得很压抑。久而久之，要么不喜欢待在家里，宁愿出去逛街吃饭、冲动消费，要么待在家里容易与家人吵架，每日都心烦意乱。

所以，在家里打造一个让自己舒服的角落吧！

如果阅读让你觉得很放松，那么就给自己布置一个读书角，配一个蒲团或者懒人沙发，点上熏香，放一些轻音乐，将自己沉浸在知识的海洋中。

如果电影能让你满血复活，那么就弄一个观影角，你可以舒服地窝在这个角落里，让自己的思绪跟随剧情起伏，没有任何人会打扰你、会评判你、会攻击你，在这个角落里，在这个时刻，你可以全然地做自己。

如果植物能让你觉得舒服，可以在家里的阳台做一个小花园，哪怕放几盆盆栽也可以，这些绿植会在你的滋养下茁壮成长，就如同你的灵魂。

如果陪孩子画画、看书是你最喜欢的放松方式，你完全可以跟孩子一起商量，在家中布置出属于你们两个人的秘密空间，即使是在客厅的公共区域，但因为这是你们两个人的秘密，你们也会有心照不宣的仪式感。

在家中打造让自己舒服的空间

受妈妈的影响，我发现跪下来擦地板也是一件非常让我放松和开心的事。我每次遇到烦心事，都会打扫家里的卫生，特别是擦地板能够给我带来意想不到的惊喜。被擦得一尘不染的地板和空间会让人的内心也变得敞亮，如果这个时候有阳光洒进来，内心的舒适感一定会爆棚。

5.3.2　在家里拥有可以冥想的地方

冥想的好处毋庸置疑，而且最关键的是，冥想不限制场地和时间，想做随时可以做。

只要全然地跟自己待在一起，就是冥想。

大都市的人生活节奏很快，所以我们的身体往往跟不上脑子转动的速度。再加上信息量太大，我们跟身体渐渐失去联结，这会造成我们的幸福感变低，而且容易迷茫和焦虑，因为我们根本不清楚自己的身体到底需要什么。

冥想是一个可以快速将身体和大脑联结在一起的方法。

在你的家里设置一处可以冥想的地方，让自己每天都可以放松和独处，爱惜自己的身体，也爱惜自己的大脑，你会发现许多曾经忽视的美丽，孩子纯真的微笑、伴侣的娇憨、同事的可爱、工作的魅力、天空的蓝色、风的温柔、花的妩媚……

冥想也可以是动态的，当你处于当下、进入心流状态、全情投入的时候，都可以看作是冥想，比如散步、跑步、做瑜伽、跳舞、做饭、打扫卫生，等等。

建议大家抽出时间做一下冥想。其实是希望大家能够拥有自己的能量来源，当你状态不好、能量低落的时候，有一件事情能够帮你恢复。

你也可以在家里布置一个"高能量角落"，放一些高能量的物品，比如你的成功日记、你非常喜欢的画家的画、偶像的亲笔签名，等等。这些物品也可以作为自己的能量来源。

▼ 5.4　过每天都怦然心动的生活

家里的物品成千上万，你可以先从最容易下手的地方开始整理，哪怕是一个抽屉、自己的药品、卫生间的洗浴用品，等等。如果你阅读本书的时候时间充裕，放下书本现在起身，开始动手整理你家的某个角落，体会整理过程中的心情变化，相信你一定会重新爱上自己的居住空间，你会发现自己的家是世界上最温暖的地方。

积累了整理和取舍的经验后，再去整理庞大的区域，比如衣橱、厨房等。你也可以根据自己每天的空闲情况，决定你的整理计划。

5.4.1　精准察觉不舒服的物品

大家都说妈妈做的菜是世界上最好吃的，当真是菜好吃吗？其实并不一定，而是那些菜是妈妈带着爱意做给孩子吃的，所以让人喜爱和怀念。

同理，物品还是同一样物品，是人赋予了物品不一样的感情记忆和情感价值。我们寄托在物品身上的感情和价值就塑造了生活空间的能量场。如果房间里充满了自己精挑细选的心动物品，房间的能量场肯定是舒适幸福的；如果房间里充斥着打折赠送的便宜货，即使你再放低自己的价值，这个空间也一定会让你觉得很不舒服，因为人都是觉得自己值得最好的。

心理学家阿德勒在《儿童的人格教育》中写道："幸运的人一生都在被童年治愈，不幸的人一生都在治愈童年。幸与不幸，都是个人的自主感觉。但无法否认，父母的行为几乎无时无刻不在影响着你，即使你远在千里之外。

现在应该没有多少人会在物质上捉襟见肘，之所以觉得过得不好的人有那么多，都是因为物质不需要担忧后，人们开始越来越关注自己的精神世界。这是一个被好几辈人都忽视的地方，而越是看不见的地方，不可控因素越多，越难琢磨的事情，越让人发狂。

如果你觉得你现在所处的空间并没有让你觉得舒服，可以环顾四周，看看家中有什么物品，思考这些物品是如何进入这个空间的，你和这个物品一起经历过什么事情，如果换一件喜欢的物品会不会让自己好受一点。如果更换了使用物品还是觉得不舒服，就需要好好考虑，是整个空间让你觉得不舒服，比如房子格局、周围环境，或是曾经不好的记忆，还是这个空间里的人让你觉得不舒服，比如已经没有感情的另一半，矛盾重重的父母。

人活一世，说简单也简单，一座房子，三两家具就可以解决了；说难也难，用什么样的家具，和什么样的人一起生活，都是有讲究的。

幸福就是在这些小细节中点滴积累起来的，慢慢聚成一个幸福能量场，让你在这个能量场里得到滋养。都说一段坏的婚姻会让女人变成泼妇，好的婚姻会让女人变成公主，其实就是这个道理。整天和不喜欢的人、不满意的物品将就着、凑合着生活，日积月累，会让自己身心疲惫。

整理一下房间吧，思考一下自己现在的生活，扔掉那些让你觉得不愉快的物品和关系，给自己打造一个健康循环的生活环境，过一段值得回忆的生活。

5.4.2　珍惜物品对自己的守护

不要因为物品便宜而不在意它，每件物品都在默默守护着我们，让我们温暖、安全、方便。

你知道衣服的制造过程吗？你知道生产一条牛仔裤需要用多少水吗？

生产一条牛仔裤需要 3 480 升水，相当于一个成年人接近 5 年的饮水量，再加上生产衣服所需的人力和时间成本，可以想象，一件衣服从无到有需要经过许多程序、耗费许多资源才会到我们的手上。因此，无论是花钱买的还是别人送的，我们需要充分利用这件物品，这样它的"一生"才算值得。

如果一件衣服因为你的冲动购物而进入衣柜，却从未获得过你的青睐，可能只被穿了一两次就一直待在衣柜深处；如果情况好一点儿，它们可能被送入旧衣回收箱或是被丢入垃圾桶。我要提醒你的是，你浪费的不只是一件衣服，还有许多资源、购买衣服的时间、衣柜的空间、金钱……钱不该是这样花的，经济也不需要以这种方式刺激，检视一下自己，想想自己对物品是否有这些不负责任的行为。

当然，除了衣服，许多物品都有使用期限，即使你不用也会坏。那么它们被制造出来的意义到底是什么呢？答案就是"被妥善使用"。

在学习物品的收纳技巧之前，先阻止不需要的物品进入家里，这比任何的收纳方法都重要。当你打算购买一件物品时，如果无法为它在家里找到一个"容身之处"，那就可以不买了。

对于他人赠予的物品，如果你确定不喜欢这个物品或是用不到它，就可以大胆拒绝，不要收下。对于那些确实无法拒绝而勉强收下的物品，请在进家门前想好它可能的去处，千万别把它变成垃圾。

▼　5.5　改变自己，奇迹就会发生

在做整理讲座的时候，经常会有学员问我："我很想整理，可是老公 / 婆婆 / 孩子观念很固执，根本就不配合怎么办？"

我通常的回答是："先整理好自己的物品和空间，奇迹就会发生。"

我做过许多场整理讲座及读书会，发现很多学员理性层面都知道"夫妻关系 > 亲子关系"，但却还是把绝大多数时间和精力放在了亲子关系的培养上。我想，比起一个心智模式已经成熟的成年人，把更多的爱放在听话又可爱的孩子身上获得的满足感会更高，成年人之间的

沟通往往会很伤人。

很多人也忘记了，自我关系凌驾于所有关系之上。我们从出生开始，就会被父母教养要听话、孝顺，要听老师的话，要努力工作，要照顾好另一半……我们被成为"好子女""好员工""好父母"的愿望紧紧套住，却唯独忘了成为我们自己。

我会建议各位读者，先将自己的物品彻底整理完毕，再协助伴侣、孩子、父母整理他们的物品。若他们没有寻求帮助，你只需要打理好自己的物品及公共区域就好，不要强行提供帮助。改变是潜移默化的，只要你通过整理开始改变，家人就会看到，紧接着他们会好奇并且开始行动。所以，将所有的注意力都拿回到自己的身上。

而除了物品整理，你还需要看到物品背后的思维模式，彻底根除囤积物品的习惯，找到囤积物品背后的心理原因。

即使是固执的老人家、不懂事的小朋友、不合作的伴侣、你觉得最不可能变化的人，在你自己改变后，也会发生改变。这是我做过的几百次上门整理和几千个参加我整理讲座的学员反馈给我的规律：只需要改变自己，周围的人就会慢慢跟着改变。

案例

我最初做整理师时，妈妈非常不认可，觉得我在浪费自己的学历。每年过年回家，我都会整理自己的房间，她也会让我帮她整理她的房间，但仅限于收纳，拒绝扔掉任何物品。

在成为职业整理师之前的某一年，我因为私自扔掉了她已经破洞了的衣服，被她大骂一顿，自此我再也不帮她决定物品的去留。

三年过去了，她认可了我的整理事业，看到了我的明显变化，所以去年过年回家的时候，妈妈突然跟我说："我想整理衣服，好多衣服都不需要了。"

当听到这句话时，我的惊讶程度大家可想而知。

在整理的过程中，甚至都不需要我提供意见，妈妈就快速地做完了断舍离。当然，她还是保留了很多"退休之后再穿的衣服"，但我还是很开心——这说明妈妈很期望退休生活，也许她的退休生活会很幸福。

很多人习惯把眼睛盯在别人身上，这样就可以不用解决自己的不足了。

整理也是一样，如果你真的把整理内化为你的人生哲学，就不会觉得家人不配合，因为每个人都有自己的处事风格。

▼ 5.6 定期整理人际关系

我曾在整理讲座上做过一个游戏，让大家写一写自己拥有的财富。建议正在阅读这本书的你也玩一玩这个游戏，想一想自己的财富有哪些。

几乎所有人写的第一个财富就是金钱，后来有人把自己的资产（房子、车、职称、各种荣誉）越写越多，也有人写自己的兴趣爱好，有人写自己的家庭。

我是无意中发现这个游戏对我的触动。给大家看看我的财富图：

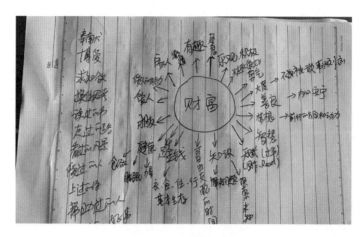

列一个属于自己的财富图

财富图写到最后，我发现金钱只是财富中的一小块，淹没在其他财富中，毫不起眼。

这个游戏跟整理人际关系有什么关系呢？

我发现人在内心没有力量时，就容易依赖物品，而鸡肋的人际关系也属于其中之一。比如有人会舍不得离开总是打击她的塑料闺蜜；很多女生一边骂男友是渣男，一边又为男友说好话；很多职场人觉得老板在对他进行精神虐待却不敢反抗；总感觉朋友给自己带来很多负能量，却没办法拒绝每次的邀约……

这种案例很多，以上的列举其实都算鸡肋的人际关系——断绝来往会觉得可惜，继续交往又会觉得痛苦。如果你有很多段这种人际关系，那么你该整理自己的人际关系了。

人际关系的整理方法同样分为以下 5 步：

①清空：在纸上写下所有你曾经有过交集的朋友、恋人、上司、老师等的名字；

②分类：把这些人带给你的感受按照以下 5 个层级划分："超多负能量""负能量""无感""正能量""榜样 / 偶像"；

③舍弃：将位于"超多负能量""负能量""无感" 3 个层级的朋友取舍掉，可以逐渐或直接断绝往来，分析这 3 个层级人群的共同特点，减少以后与同类型人的交往，并且要改正自己身上类似特点；

④收纳：未来多跟"正能量""榜样 / 偶像"这 2 个层级的朋友来往，甚至可以主动结交这 2 个层级的朋友，可以写下这个层级人群的共同特点，主动养成这些性格；

⑤归位：养成"主动向上结交"的习惯，并定期整理自己的人际关系。因为随着你的不断进步，以前觉得"正能量"的朋友可能现在属于"无感"层级，或者你会不自觉地因为惯性回到曾经的交友习惯中，所以定期整理非常有必要。根据个人的成长速度，决定定期的时长，3 个月、半年、一年整理一次都可以。

▼　5.7　愿你按自己的意愿过一生

我一直提倡简单生活的原因是：人生是有限的。

时间是有限的，当我们为了外貌、金钱、地位每天烦恼时，我们就会在"自己到底想做什么、想过什么样的生活"这件大事上减少思考时间。

空间是有限的，当我们在柜子里塞满了不需要的物品时，真正需要的、适合的就会没有位置。

所以我选择简单生活，将自己的物品数量减少至刚刚好。以下是我所有的物品清单：

◇ 服装类：2 套职业装、2 套休闲装、2 套睡衣、2 件薄外套、1 件厚外套、2 个帽子、2 条围巾、内衣袜子数件、2 个包；

◇ 纸质类：10 本反复阅读的书籍（其他书会去图书馆借阅，而不是胡乱买入）、2 个笔记本、1 个日程本；

◇ 厨房用品：2 个盘子、2 个碗、2 个碟子、3 双筷子、2 个勺子、2 套饭盒、1 口平底锅、1 个小炖锅、1 个电饭煲、干粮收纳罐 8 个、调味品若干、清洁用品若干、1 个保温杯、1 个水杯；

◇ 电子产品：1 个电脑、2 个手机（旧手机专门用来拍视频）、1 套 iPad Pro、1 个吸尘器（我的最爱）；

◇ 化妆品类：若干护肤品、一套化妆品及工具、若干面膜和压缩面膜、5 个饰品、2 把梳子；

◇ 财产类：身份证、驾驶证、签证、2 张银行卡（没有钱包、信用卡）、保险合同一份；

◇ 其他类：包括各类小工具，例如吹风机、粘毛器、直播架、清洁用品、纸巾等；还有大工具，如行李箱、工具箱等。

我每天的生活很简单，吃饭也很简单，所以我有很多时间做自己喜欢的事情，阅读、写作、做整理讲座、办读书会、写小说、散步、旅行……我把自己不需要的人、事、物都清理出我的生活，所以生活中只留下了必须、喜欢的人、事、物。我的生活并没有因此感到不适，反而更加精彩有趣。

如果你觉得是因为我很有钱，或者我家里很有钱，那你就大错特错了。我出生在一个小县城里，毕业后父母没有资助过，我也不是那种为了赚钱拼命消耗自己的人，只能说我知道自己在哪些方面需要花多少钱。所以我赚够了钱就会立刻去做自己喜欢的事情，比如学习、写作、旅行等，每一段经历都会对我有非常大的帮助。所以我不断提高自己的时薪，赚钱变得越来越轻松之后，我并没有去赚更多的钱，而是花更多时间去学习探索感兴趣的领域，因为我认为钱是身外之物，满足日常所需即可。

也有很多人因为担心未来自己和父母的养老，所以拼命赚钱。但其实最值钱的是自己，你如果是个不断提升自己的人，你赚钱的能力只会越来越强，因为你创造的价值等于你的收入，你只需要创造出独一无二的作品，就能有源源不断的收入。

《小王子》这本书对我的影响很大，可以说帮我厘清了我的底层价值观。书中有很多发人深省的地方，例如小王子在人类的玫瑰园中看到了 5 000 朵一模一样的玫瑰花，他最后明白"你在你的玫瑰花身上耗费的时间，使得你的玫瑰花变得如此重要"。我们在自己身上投入的时间越多，自己就会变得越重要，不要把时间和精力放在企图改变他人上。

小王子遇到狐狸，狐狸让小王子驯养它。狐狸还说："一旦你驯服了什么，就要对她负责，永远的负责。"我们跟物品的关系不也是如此吗？不要去奢求更贵、更好、更多的东西，你现在拥有的就是最好的，是你驯服过的，需要负责的，而这些东西就像狐狸一样爱着你。

小王子要离开狐狸的时候，他问狐狸："那你还是什么都没有得到吧。"狐狸却说："我还有麦田的颜色……"

这就是放手的真谛吧。因为小王子，狐狸爱上了跟小王子头发颜色一样的麦田，我们也会因为某个人，经历一些事情而改变自己的认知。生活总是在往更好的方向发展。

这本书给我带来最大震撼的一句话就是："**只有心灵才能洞察一切，最重要的东西，用眼睛是看不见的。**"这句话被我奉为真理，时刻提醒我，用心来看世间万物，不要被肉眼蒙蔽。就像拥有一件物品，在享受这件物品带给自己的好处的同时，也会被这件物品捆绑。但大部分人只看得到拥有物品带来的好处。

我经常去黄埔江边散步，江两旁有许多酒店和商品店。刚毕业时我经济困乏，只能租住在朝北的房间里，冬天阴冷得很，而且因为房间小，所以我经常出门办公，累了我会去江边散步。江边有一座三面都有落地窗的酒店，除了饭点平时几乎没人，当时我经常想：如果我有一间小小的采光很棒的房子就好了，这样我就能够安心创作更多好的作品。但是当我坐在江边的长椅上，吹着风、晒着太阳、闻着花香的时候，我忽然觉得有一间这样的房子，我可能就不会经常出门，我就会被"困在"温室里，我会时刻忧虑如何更好地利用这个房子。没有房子，全世界的有房子的人都可能成为我的房东，我可以去世界上任何一个地方居住。

没有车，我可以打车，那么全世界有车的人都可能成为我的司机，我永远不用担心我的车被偷、被抢、被刮伤、减值。

没有囤积物，我可以去任何一个超市购买所需品，那么全世界的超市都是我的仓库，我拥有的是整个地球、整个宇宙。而整个宇宙、整个地球、所有人都拥有我，他们需要我帮助时，就会来找我，我也会毫不吝啬地提供帮助，因为我得到了很多慷慨的馈赠。

自由从来不在于银行存款、车子价位、房子段位，自由在于你从来不在脑海中给自己设限。

很多人曾问我：你这么年轻，为什么会过这么"清贫"的生活？

我会觉得这个问题很奇怪，年轻应该过什么样的生活呢？这种简单的生活叫"清贫"吗？我的大脑不是富可敌国吗？

我曾在 24 岁的人生复盘里写道：

"是有多幸运，才能平安健康地度过 24 年？我们都理所当然地享受着上天的眷顾，过着身体健康、四肢健全的生活，却从不会感恩这种生活。毕竟一出生就过着这样珍贵的生活，不会有人意识到这种生活的幸运。

我一直都是一个懂得感恩的人，所以老天让我得到了更多幸福。因果循环既是如此：你种的善果越多，得到的也就越多。

成为一名整理师之后，我发现拥有物品越多的人，越觉得自己物质贫乏，渴望的物品越多、越贵。我也曾有过很长一段时间的囤积生活，物极必反，我实在忍受不了物品对我的奴役，开始实践起极简主义的生活方式。

欲望是一种吞噬灵魂的怪物，你对它要的越多，它便吞噬你越多；你开始感谢它并觉得满足，它也便给你更多的自由。

24 岁，真的是一个很有纪念意义的日子。鲜少会有年轻人在身体健壮、意气风发的时候回忆过往的岁月。因为一直觉得这辈子还很长，我们还没长大，还可以继续放开肚皮暴饮暴食、在屏幕前战斗到天亮，至于健康、信仰等内在问题，我们没有时间，也不太愿意去思考和面对。"

我觉得这篇生日复盘写得很好，感兴趣的朋友可以去我的公众号"黄婷整理"中搜索"给自己的生日礼物"阅读。

我很喜欢一段话："有的人 21 岁毕业，到 27 岁才找到工作；有的人 25 岁才毕业，但马上就找到了工作。有的人从没有上过大学，但在 18 岁就找到了热爱的事；有的人在 16 岁就清楚知道自己要什么，但在 26 岁时改变了想法。有的人有了孩子，却还是单身；有的人结了婚，却等了 10 年才生孩子。30 岁没结婚，但过得快乐也是一种成功，35 岁之后成家也完全可以，40 岁买房也没什么丢脸，不要让任何人扰乱你的时间表。"

希望看完这本书的你，能够根据本书的操作指南，打造自己理想的家，过自己理想的生活，做自己喜欢的人。

人生有限，但生活是无限的，我们可以做成想做的任何事情，不要让任何人扰乱你的时间表。

与君共勉。

后记

整理人生，不与幸福背道而驰

感谢大家阅读完这本书。我写这本书最大的初心就是感恩生命对我的厚爱，让我领悟了整理的奥秘。

如今，整理已经成了我的人生哲学，它帮助我少走了许多弯路，客户和学员经常惊讶于我超出年龄的成熟和沉稳，这其实都归功于整理的哲学。

整理其实就是选择与舍弃，明确对自己而言最重要的事情，"扔掉"不喜欢、不需要、不适合的人、事、物，把时间和精力浪费在喜欢的人、事、物上。

仅此而已。

通过整理，我疗愈了我的原生家庭创伤，我不再怨恨父母，并开始四处给予爱。因为我知道，我要选择爱，舍弃憎恨。

通过整理，我毕业一年后就决定了这一辈子要从事的职业——整理师。我选择帮助别人过"少"的生活，而不是让客户购买更多。

通过整理，我的亲密关系得到了极大的改善。我深深地知道，要用爱滋养婚姻，而不是用抱怨、恐惧、指责塞满夫妻关系。

通过整理，我找到了自己喜欢、相处舒适的好朋友。因为我知道，时间要花在重要的人身上，泛泛之交就如同"可以用却不适合我的物品"，不如主动舍弃，留出空间和时间给真正的朋友。

通过整理，我学会爱惜我的每一件物品，珍惜我选择的每一个朋友，过好生活中的每一分、每一秒。因为我知道，这是我自己选择的结果。

整理，就是做选择的过程。在这个过程中，我们可以给自己的价值观排好序，有条不紊地生活。

我选择健康＞工作，所以我不会把焦虑带入个人生活，对金钱和名利不强求，只求心安。

我选择家庭＞事业，所以我永远不会因为工作而忽略陪伴家人。

我选择兴趣＞金钱，所以我不会因为想赚更多的钱而出卖探索世界的时间。

你的选择是什么呢？

欢迎你把自己的改变写成故事发给我，让你的改变去影响更多的人。

我个人预言，在未来，整理师会是心理咨询师的强烈竞争对手。你可能需要去和心理咨询师面谈许多次才能够找到的心理症结，整理师只需要上门整理一次就能察觉到并且帮你解决。当然，这需要整理师有足够敏感的察觉能力和细致的观察能力，以及强大的能量来源。希望在不久的将来，中国会出现越来越多优秀的整理师，而不是热衷于物品收纳和利用收纳赚钱的"整理师"。

最后是感谢环节。感谢中国铁道出版社有限公司的编辑叶凯娜陪伴我度过改稿的难熬时刻，感谢插画师王层层给我的书增添了这么有趣可爱的插画，把我的想法变成图片。也感谢我的老公，从始至终都支持我去做喜欢的事情，感谢我的家人和好朋友，感谢读这本书的你，感谢命运带我走到这里。谢谢你们，我们下一本书再见。